ÉMAILLEURS LIMOUSINS

LES REYMOND

ÉMAILLEURS LIMOUSINS.

PIERRE Ier ET II, MARTIAL, JEAN, JOSEPH ET GABRIEL REYMOND.

Nous sommes riches, aux archives départementales, en renseignements sur la famille des *Reymond*, orfèvres, émailleurs et peintres; nous possédons, dans ce vaste dépôt, des contrats de mariage, des testaments et des actes divers qui nous donnent des détails intéressants sur les coutumes, les usages et même les modes des XVIe et XVIIe siècles, tout en nous fournissant des dates certaines de l'existence des membres de cette famille industrieuse, les noms de leurs femmes et ceux de leurs enfants. Par une singulière coïncidence, les prénoms ou noms de baptême des Reymond sont les mêmes que ceux des Courteys : *Pierre*, *Jean* et *Martial*.

Est-il besoin de répéter ici que presque tous nos émailleurs étaient orfèvres ou argentiers (*aurifabri* et *argentarii*), comme le constatent tous les vieux titres et registres de confréries?

Un Pierre Reymond fut consul aux années 1375 et 1377. Un Jean Reymond possédait, l'an 1503, un pré à Saint-Lazare, était l'époux de Léonarde Gaye, et figure avec Gabriel et Martial Reymond dans des contrats de 1514 et 1515. L'orfèvre Gabriel était propriétaire d'une vigne à Chinchauveau de 1542 à 1551 ; un Reymond était consul l'an 1509; Gabriel le fut en 1514 et 1521.

Pierre Ier Reymond paraît être le plus ancien émailleur de cette famille dont on ait des œuvres datées. Il était, dès 1530, marié à Jeanne Martel, et habitait dans la rue Descendant-Manigne ; il avait une autre maison rue de la Barreyrette (entre Jauvion et le Cheval-Blanc).

PIERRE Ier.

Pierre Ier, en patois *Peyr* ou *Peyre*, était fils de James (Jacques) Reymond; il fut le voisin de Jehan Court dit Vigier, son confrère dans l'art de l'émaillerie.

Le terrier du prieuré conventuel de Saint-Gérald de Limoges fait mention, au 8 mai 1542, d'une maison de la rue Basse-Manigne, appartenant à Pierre Reymond, où il aurait alors établi son domicile. Cette maison avait une façade sur la rue des *Étaux, Étals* ou *Étables :* les titres lui donnent ces trois noms. C'est la même que la rue du Verdier ou Verdurier (*Viridarium*), dont la partie voisine des Bancs-Charniers prit le nom d'Étaux, de ceux où l'on vendait la viande dans le quartier. Cette maison se trouvait devant la tour Neuve, dont il reste encore des ruines sur le boulevard de la Promenade.

Une reconnaissance de rente sur cette maison est inscrite à la même date au terrier du notaire Thoumas. P. Reymond avait eu, dans la succession de son père, sept journaux de vigne au clos dit Combe-Vinouse ou Le Treuil-Blanc. Pour cette vigne, dont il avait augmenté l'étendue, il signa, le 20 juin 1550, un acte de reconnaissance en faveur de l'abbé de Saint-Martial d'une rente de deux setiers de froment de cens fondalité, etc., et de la mesure des Combes, portables aux greniers de l'abbaye à chaque fête de l'Assomption de la sainte Vierge. Notre émailleur souscrivit, le même jour, audit abbé une reconnaissance de trois *hémines* froment, mesure de cette prévôté des Combes, pour sa vigne du clos de La Chabane, territoire de Limoges. Il avait ajouté à l'héritage de son père la vigne de Jean Texonniéras, ce qui formait une superficie de dix journaux : la rente en était portable au grenier de Saint-Martial, avec les lods et ventes, etc., à chaque fête de Notre-Dame-d'Août. Sa vigne de Combe-Vinouse devait en outre une quarte de vin à ladite abbaye (titre de 1555).

Le terrier rouge du notaire Thoumas fait aussi mention de la maison de Pierre Reymond dans la rue Manigne.

Je passe sous silence, comme peu intéressant, un acte de 1547 entre notre émailleur et le sieur de Rochefort. Je ne citerai aussi que pour mémoire un acte de procédure de 1577 concernant la *subhastation* ou vente judiciaire des biens d'un sieur Danel, poursuivie par P. Reymond, afin d'aborder plus tôt la série des œuvres de cet habile et fécond artiste en suivant l'ordre des dates.

Nous reviendrons sur les comptes de la bailie de la confrérie du Saint-Sacrement de Saint-Pierre, pour laquelle il fit des peintures, aux années 1550, 1555, 1556, 1557, 1566, 1567, 1575, 1581 et 1584, qui prouvent qu'il excellait aussi dans l'art d'enluminer les manuscrits.

Il paraît convenable de signaler d'abord la diversité des noms que cet émailleur signait sur ses œuvres; il a inscrit jusqu'à quatre variantes à la fois sur le même émail : *P. Raymō,* avec un trait horizontal sur la dernière lettre, indiquant l'absence du *n,* comme dans les abréviations des vieux titres; *Reymon, Rémon, Rexman* et *Rexmann,* forme allemande, qu'il avait sans doute adoptée par suite de ses relations avec l'Allemagne. Les souverains de cette contrée ont fait placer depuis long-temps des émaux de ce maître dans leurs collections de Berlin, Dresde, Gotha, Munich, Weymar, etc.

Peut-être son nom fut-il estropié, soit en le parlant, soit en l'écrivant. Au catalogue de la collection de Mme de La Sayette, de Poitiers, il est appelé Remond; enfin ses initiales P. et R. font un simple monogramme, surmonté parfois d'une couronne, à l'imitation du poinçon de Léonard Pénicaud dit Nardou.

Pierre Reymond savait réunir à l'éclat de ses peintures sur émail les formes les plus heureuses et les plus élégantes pour ses buires et ses aiguières.

Son plus ancien ouvrage, à ma connaissance, est une coupe où il a peint trois personnages buvant d'après Jules Romain : elle porte la date de 1534.

Une autre coupe, fort belle, est datée de 1538, avec le chiffre couronné; elle représente, dans sa concavité, le sujet d'Ascagne, qu'il a répété souvent; elle a 195 millimètres de diamètre (collection Albert Decombe). Il y a déjà un grand progrès à remarquer dans le talent de cet artiste, cette dernière coupe étant bien supérieure à l'autre.

Une salière de la collection Quedeville porte la date 1541 inscrite sous une couronne. Pierre Reymond fit, en cette année, deux médaillons en grisaille sur fond et terrain bleuâtres, avec des carnations légèrement teintées; il s'inspira, dans ces compositions, du genre d'Albert Durer : le dessin, par sa précision, tient de celui du graveur. Le premier médaillon, de 115 millimètres de diamètre, représente Jésus-Christ portant sa croix, et sainte Véronique; le deuxième, un berger défendant ses brebis contre le lion et les autres animaux carnassiers. On lit dans des cartels les mots : FUYER, FUYER EN AULTRE PART, OURS, LYON ET LOUX RAVISSANS. LAM. (*sic*), 1541. P. R. — Hauteur, 135 millimètres; largeur, 105.

D'autres émaux faisaient suite à ceux-ci. M. Soret et divers amateurs en ont recueilli quelques-uns. Ces deux médaillons appartiennent à la collection Sauvageot.

Cette même collection Sauvageot conserve une coupe en grisailles encadrées dans des rameaux verts ; son convercle est orné de quatre médaillons séparés par des montants, sur lesquels on lit : *P. Rexmon* d'un côté, et 1544 de l'autre. M. D. Petit dit que cette coupe est en camaïeu gris et vert.

Au n° 1011 de la collection de l'hôtel de Cluny, est placée une œuvre de Pierre Reymond datée de 1544 : c'est un coffret décoré de cinq plaques d'émail en camaïeu grisaille rehaussé d'or; il y a peint *le Passage de la mer Rouge; le Serpent d'airain; la Manne dans le désert; la Grappe de raisin de la terre promise, et Moïse recevant les lois du Seigneur.*

M. Didier Petit, de Lyon, cite une coupe signée *P. Remon*, de 1546, chez M. Roussel. Cette même date et l'inscription *P. Rexmon* sont tracées sur une coupe de la collection Soltikoff, *Didon recevant le jeune Ascagne*, et une autre coupe représentant *un Festin.* Le registre de la confrérie du *Sacrifice du précieux Corps*, et plus tard du *Saint-Sacrement* de l'église de Saint-Pierre-du-Queyroix de Limoges, fut commencé l'an 1550, *finissant l'an* 1551 : il remplaçait celui de la fondation, trois siècles auparavant, que le temps avait fort maltraité. Pierre Reymond en peignit le frontispice, consistant en deux larges quatre-feuilles d'or superposés. Celui de dessous est un peu recoquillé, et permet de voir qu'il est doublé de bleu d'outremer. Un *saint Pierre* y est représenté debout, le corps masqué par un écusson rond ou panonceau rouge, sur lequel brille le monogramme J. H. S. *Jesus hominum salvator*, adopté par la Compagnie de Jésus, fondée depuis environ huit années. Ces trois lettres sont élégamment entrelacées. La tête du saint, les mains, les pieds, le bas de sa tunique, tout ce qui est en dehors du panonceau, sont peints avec beaucoup d'art et de délicatesse; l'émailleur reçut, pour ce travail, trente sous, ce qui ne paierait pas aujourd'hui l'or qu'il y employa.

Le commencement de la première page est une large et gracieuse vignette, où reparaît, en plus petites dimensions, le même monogramme J. H. S. aussi en or et sur fond rouge, quatre-feuilles doublé d'or, placé sur un plus grand, dont le fond est bleu d'outremer, et le revers blanc; au bas, la date 1551, en noir sur un écriteau blanc, à cadre doré. Cet écusson-panonceau est comme déroulé par deux grands anges blonds, dont l'un a les ailes de couleur orangée et la tunique blanche, et l'autre une robe rose et des ailes bleues. A cet écusson se rattache par un ruban d'or une guirlande de fruits, de fleurs et de feuilles, aux extrémités de laquelle sont suspendues des baguettes d'or ; des bouquets de fruits sont attachés au milieu et à la pointe inférieure de ces baguettes par des rubans d'or. Deux masques décorent le haut et le bas de l'écusson : le premier porte un croissant sur la tête, et un grand anneau d'or sort de sa bouche; le second, dont la face est entourée de treize rayons couleur de chair, tient suspendue à sa bouche une pomme d'or avec deux feuilles vertes.

Un A bleu sur fond d'or, enjolivé d'une branche de chêne chargée de feuilles et de glands, est l'initiale d'une invocation A L'HONNEUR DE LINCRÉÉE, DE LINDIUISE ET LÆTERNE MAIESTÉ SANCTISSIME TRINITÉ, etc., qui paraît plutôt peinte qu'écrite. Une autre vignette, plus petite, commence la deuxième page : c'est un C d'or sur fond bleu bordé de rouge, et rehaussé, à l'intérieur, de fleurons et de filets blancs ; au centre de ce C, le monogramme J. H. S. écrit en or sur un cœur d'un rouge pourpré.

Ce feuillet fait mention des livres de comptes précédents de la confrérie des années 1235 et 1447, donne les noms des bailes et des fonctionnaires du temps.

Après l'inventaire des joyaux et la recette de 1551, les bailes portent en dépense l'achat, fait à la foire de la Grand'Saint-Jean à Fontenay, de quinze douzaines de grand vélin de Bretagne, ayant coûté trente sous tournois la douzaine, vingt-deux livres dix sous, et le port, huit sous quatre deniers.

Les livres de comptes, de reconnaissances, et le terrier furent reliés par Jehan d'Angolesme, *liurayre,* moyennant trois livres, non compris les dix boulons de cuivre et leurs ferrements, payés à Martial Promeyrat, pour chaque livre, une livre tournois.

C'est pour peindre et illuminer lesdits trois livres que Pierre Reymond reçut trois livres tournois. Faisons, à ce propos, si nous ne l'avons pas faite ailleurs, la remarque que tous les vieux registres manuscrits sur vélin de Limoges, soit les *Fastes consulaires,* ceux des confréries religieuses et laïques, soit même le beau *Missel romain* à l'usage du diocèse de Limoges, qui sont enluminés de fraîches et charmantes vignettes, de lettres ornées, le tout rehaussé d'or comme nos émaux, n'ont pu être peints que pàr nos émailleurs.

Au nº 103 de son catalogue, M. Didier Petit, de Lyon, a enregistré une coupe de 20 centimètres de diamètre sur autant de hauteur, qu'il regarde comme un chef-d'œuvre : c'est une grisaille où Pierre Reymond a peint, dans la concavité, *Énée racontant ses aventures à Didon.* Cette reine caresse son fils Ascagne; des serviteurs apprêtent un festin. La partie inférieure et convexe est décorée d'ornements en grisaille et or d'une grande finesse. Le fond pourpre du dessous est semé de fleurs de lis d'or; dans le creux du couvercle, des médaillons, entourés d'ornements d'or sur un fond noir, représentent des enfants jouant de divers instruments; sur la partie convexe de ce couvercle, *le Triomphe de Diane.* Comme dans la composition de Jehan Court, Vénus et l'Amour sont enchaînés au char, qui est suivi de chasseresses conduisant des amours enchaînés et des chiens de chasse. Sur le pied, les initiales P. R. et la date 1553. Les attributs de cette coupe et l'époque de sa fabrication donnent à croire qu'elle fut commandée par Henri II pour Diane de Valentinois.

Deux belles coupes de la collection Andrew Fountaine présentent : l'une, la date 1553; l'autre, la singularité d'être quatre fois signée des initiales P. R.

On admire, au musée du Louvre, au nº 322, une aiguière en grisaille, fond noir, chairs colorées et détails dorés, haute de 265 millimètres sur 100 de diamètre ; on y lit, dans un médaillon ovale, la date 1554 en lettres noires. Pierre Reymond y peignit, cette année-là, *le Triomphe de Diane,* et des *Chasses aux cerfs et aux ours :* le premier sujet, d'après Androuet du Cerceau ; les deux autres, d'après Virgilius Solis.

Diane, avec ses attributs, le croissant, l'arc et le carquois, est assise sur un char traîné par quatre cerfs. A l'arrière de ce char, Vénus, les mains liées, et Cupidon, son fils, dont un bras est attaché à la jambe de sa mère; près de chaque couple de cerfs, nymphes portant, l'une, une couronne; une autre, une pique; une autre, sonnant du cor. Les nymphes sont précédées de deux génies ailés qui jouent de la trompette. Au-dessous de cette composition, les deux scènes de chasse suivantes : d'un côté, deux chasseurs poursuivant et menaçant de leur lance un enfant qui fuit devant eux et devant leurs chiens; de l'autre côté, un chasseur, secondé de deux chiens, attaque avec sa lance un ours qui mord le fer de son arme; un autre chasseur va percer cet ours, qu'un chien harcèle par derrière. On voit entre les arbres un ours qui s'éloigne, et un ourson qui grimpe le long d'un tronc sans feuillage. Le goulot est orné d'arabesques dorées, et le pied, de guirlandes de fruits en grisaille. De légers ornements noir et or décorent l'anse, émaillée de blanc, sur laquelle est inscrite la date 1554.

Cette année 1554 paraît avoir été l'une de celles où Pierre Reymond exécuta ses ouvrages les plus remarquables. Il fit, pour quelque personnage important, une coupe à couvercle de 21 centimètres de hauteur sur 19 de diamètre. Elle est peinte en grisaille, à chairs colorées, rehaussée de filets d'or. Cette coupe était inscrite au n° 707 de la collection de M. de Bruges. Sur le couvercle, *Meurtre d'Amnon par Absalon :* ce sujet est bordé d'une guirlande de feuillage; le dessous est orné de médaillons sur fond noir à rinceaux d'or. La concavité de la coupe présente *les Israélites autour du serpent d'airain élevé par Moïse.* L'extérieur a pour ornements des mascarons et une guirlande de feuillage; le cône de la tige est décoré de fruits, de têtes d'ange, et de deux cartouches où sont inscrites les initiales P. R. et la date 1554. Sur le pied, trois têtes de femme en médaillons. Dans un quatrième, écu d'argent, à la montagne aux deux coupeaux de sinople, au chef d'or chargé d'une rose de gueules; la bandelette qui entoure l'écu porte cette devise : ASSES TOST SI ASSES BIEN. Au-dessous du pied, fleurs de lis d'or sur émail rouge purpurin.

Une autre coupe de notre émailleur a beaucoup de ressemblance avec celle-ci pour les détails de l'ornementation de ses diverses parties : elle est aussi à couvercle, en grisaille sur fond noir rehaussé d'or. P. Reymond y peignit, cette même année, *Loth et ses filles;* on peut la voir au n° 1013 de la collection du musée de Cluny et des Thermes.

Sur le premier plan, le patriarche assis entre ses deux filles; au fond, la femme de Loth changée en statue de sel, et la destruction de la ville de Sodome. Des arabesques d'or sur fond noir forment la bordure. Le pied et l'extérieur de cette coupe sont décorés, comme celle que je viens de décrire, de cartouches :

quatre fleurs de lis d'or ornent la base du pied, et les lettres P. R. sont inscrites sur l'extérieur comme sur l'intérieur de ce beau vase. De riches ornements brillent sur le couvercle, dont la partie convexe présente des portraits d'hommes et de femmes en médaillons alternant avec des génies, des cartouches et des guirlandes de fleurs et de fruits. Au-dessous de ce couvercle, médaillons et arabesques d'or sur fond noir. La signature et le millésime 1554 se lisent dans deux cartouches peints sur le pied.

Le jour de *Monsieur saint Marc* (25 avril) de l'année 1555, les bailes de la confrérie du Saint-Sacrement comptèrent à Pierre Reymond *XX sols pour auoir pourtraict les deux patenes diuoire.* Notre émailleur peignit sur leur registre *le Pourtraict de la Viste de la Cène,* pour lequel il reçut des bailes de l'an 1555 3 livres 11 sous tournois.

La collection Andrew Fountaine conserve deux chandeliers ornés, sur leurs fûts, de figures allégoriques, et, sur leurs bases, de sujets bibliques ; ils ont 307 millimètres de hauteur. La signature P. R. et la date 1556 y sont tracées en rouge.

Pierre Reymond est mentionné dans la dépense de l'année 1557 de la bailie du Saint-Sacrement de Saint-Pierre pour le *Pourtraict de la Navette à l'encens,* 8 sous 6 deniers : c'était en effet un petit vaisseau d'argent à galerie dorée, dont le couvercle se composait de deux parties réunies par une charnière, et se levait à l'aide de boutons dorés ; la cuiller à encens y était attachée par une chaînette. Ce petit navire avait pour support une espèce de piédouche avec galerie également dorée.

Notre artiste a daté de 1558 un grand vase qu'on voyait, en 1833, à Nuremberg, dans la famille des Tücher. Ce millésime est sur la panse avec les initiales P. R., tandis que le couvercle porte la signature *P. Rexmon* et la date 1562; on lui assignait 1 pied 2 pouces de hauteur, et un diamètre de 1 pied 4 pouces (environ 39 et 43 centimètres). Cette famille des Tücher, célèbre à Nuremberg, possédait sept pièces émaillées, et toutes revêtues de leurs armoiries, faites pour un de ses membres par Pierre Reymond, de 1558 à 1562.

Pierre Reymond fut élu consul l'an 1560.

M. Jules Labarte décrit, au n° 713 de la collection Debruge-Duménil, une assiette de 1561, *le Mois d'Avril :* homme et femme assis ; moutons qu'un homme leur amène pour les tondre. Rebord orné de quatre médaillons séparés par des arabesques : dans l'un, P. R. ; dans l'autre, la date. Au revers, buste de femme au milieu d'un cartouche. Cette assiette, d'un diamètre de 18 centimètres, est peinte en grisaille dont les carnations sont légèrement teintées, mais non celles du revers. Une assiette peinte aussi en grisaille, et des mêmes dimensions, représentant *le Mois d'Octobre*, appartenait à Mme de La Sayette, de Poitiers. On lit dans le catalogue de sa collection qu'elle était décorée d'arabesques et animaux fantastiques sur le bord, et, au revers, d'un buste d'homme dans une rosace composée d'enroulements. Sur un des cartouches est inscrit : *P. Remond,* 1561.

Une de ses œuvres capitales de l'année 1564 est une paire de chandeliers peints en grisaille sur fond noir, à chairs colorées et détails rehaussés d'or. On peut les voir au musée impérial du Louvre, où ils sont enregistrés au catalogue sous les numéros 320 et 321 ; leur hauteur est de 340 millimètres, et leur diamètre de 200. Leur décoration est à la fois religieuse et profane.

Les épisodes bibliques de *Ruth et Booz* et de *la Mort d'Absalon*, sont figurés sur leurs bases évasées et circulaires. Ruth, tenant des épis, est désignée à l'attention de Booz, assis, par un moissonneur courbé et armé d'une faucille; gerbes, vases et deux autres moissonneurs; arbres formant la séparation entre cette scène et celle du côté opposé. — Berger gardant ses moutons; maison dans le fond; Booz et Ruth près de la principale porte. Un rang d'oves entoure la base ou pied des chandeliers.

Neptune et Amphitrite, portés sur les flots par deux chevaux marins, suivis d'un triton tenant de chaque main des branches de feuillage. Ce sujet, emprunté à Androuet du Cerceau, décore le renflement du chandelier; le fût est orné de masques coiffés de draperies, de guirlandes et de fruits rattachés à des anneaux. La signature P. R. et la date 1564 se lisent dans deux petits médaillons.

Absalon suspendu par les cheveux à une branche d'arbre. Le cheval du prince est libre; celui de Joab, armé de toutes pièces, est lancé au galop; son cavalier tient une lance en main; cavaliers, dont trois ont des boucliers, et trois de simples armures; arbres et maisons au fond du paysage. Sur le renflement de ce second flambeau, un triton, sonnant de la conque, porte Amphitrite sur la mer; jeune triton ailé et monstre marin dont on ne voit que la tête, sujet d'après du Cerceau. Le fût est décoré comme celui du n° 320. Même signature, même date.

En l'année 1565, notre laborieux et fécond émailleur exécuta un plat ovale de 540 millimètres de longueur sur 375 de largeur ;

il y peignit, d'après Raphaël, *la Cène* en grisaille à fond noir, chairs colorées et détails dorés. C'est le n° 296 du catalogue du Louvre, n° 10 de la collection Durand. Les douze apôtres sont assis autour d'une table couverte d'une nappe; au milieu, l'agneau pascal dans un plat; pains et vin; au centre, Jésus-Christ, et saint Jean endormi sur la poitrine de son divin maître; à gauche, Judas tenant un sac d'argent. Trois autres apôtres sont vus, comme lui, de dos, assis sur des siéges, au premier plan; entre l'un d'eux et Judas, deux grandes aiguières, dont l'une porte la signature P. R., et sur le sol, au-dessous, la date 1565. Au fond, à gauche, on n'aperçoit que la tête d'un quatorzième personnage. Derrière N.-S. Jésus-Christ, deux fenêtres. Une vignette dorée encadre cette composition; le rebord, ainsi que celui d'un bassin dont nous parlerons à l'année 1569, est orné d'une frise formée d'animaux naturels et fantastiques, de satyres et de petits enfants portés dans des chars que les uns traînent et les autres poussent. Une restauration moderne y a ajouté un écusson aux trois fleurs de lis d'or. Deux têtes d'ange ailées, dans un cartouche, décorent le revers, ainsi que deux masques coiffés de draperies, les uns et les autres en carnations animées; couronne de fruits dans des enroulements; au centre, tête d'homme de profil, couleur de chair, sur fond noir pointillé d'or, frise en grisaille ornée de rosaces et d'un médaillon ovale sur lequel est peint un enfant nu.

Pierre Reymond reçut, probablement en 1566, une importante commande du président Séguier (Pierre I): elle consistait en plusieurs douzaines d'assiettes d'émail, où étaient peints les douze *Mois* et les *armoiries* des Séguier : on en rencontre quelques-unes dans les musées publics et les collections des particuliers. Une de ces séries est traitée avec un soin extrême; les initiales P. R. et la date 1566 y sont inscrites. Ces assiettes sont toutes d'un diamètre de 200 millimètres; on en compte onze au Louvre, dont deux de *Juillet* et deux de *Décembre*, la plupart d'après Étienne de Laulne. Je décris celles qui sont datées :

N° 315. — *Décembre* : grisaille rehaussée d'or, à chairs colorées; homme ayant un couteau entre les dents; pourceau égorgé gisant sur la paille; femme agenouillée recueillant son sang dans un poêlon; près d'elle, couperet et vase; plus loin, un autre homme fait griller deux porcs dont les têtes sortent des flammes; à droite, un de ces animaux, éventré, suspendu à une muraille; dans le haut, le nom du mois et le signe du Capricorne. Signature, P. R. La décoration du rebord et du revers est la même que celles des assiettes des autres mois; savoir : pour le rebord, mascarons alternant avec des vases et reliés par des syrènes en arabesques; pour le revers, masques et termes alternant entre eux, rattachés par des enroulements et disposés en rosaces.

Nº 316. — *Le Mois de Juillet :* faucheur en action dans un pré; autre couché dans l'herbe et vidant une gourde; charretier conduisant une voiture de foin. Dans le fond, arbres et fabriques. Sur le rebord, quatre groupes de chimères accouplées, reliées par des ornements qui entourent un écusson dans le bas de l'assiette. Ces armoiries sont d'azur au chevron d'or, accompagné d'un agneau d'argent en pointe, au chef cousu de gueules, chargé de trois étoiles d'or; armes des Séguier, et la date 1566.

Au centre du revers, tête de guerrier casqué sur un fond pointillé d'or, encadrée par un rang d'oves, de fruits, de cartouches et de têtes de chérubins.

Nº 317. — *Le Mois de Décembre,* d'une autre série d'assiettes. Scène du porc égorgé par un homme armé d'un coutelas. qui presse l'animal sous son genou; femme recueillant le sang; spectateur apportant un fagot; paysage et monuments au fond. Rebord comme au nº 316; armoiries des Séguier, et date 1566. Revers, de même. Vignette dorée et frise en grisaille complétant l'ornementation. P. R. dans un médaillon de cette frise. Pierre Reymond fut réélu consul pour 1567. Le registre du Saint-Sacrement de Saint-Pierre (confrérie) porte à la dépense de la bailie, 1566-1567 : « Au syre Pierre Reymond, pour la pourtraicture qua feit au pñt livre, comme est de bonne coustume, xvij sols ».

Ces peintures consistent en empreinte coloriée du sceau de la confrérie, où l'on retrouve le monogramme I. H. S. entouré d'un cercle d'or; le dessin d'un bénitier d'argent d'une grande élégance : l'orifice est orné d'une dentelle découpée, formée de pommes, d'arabesques, de têtes de chérubin; entre cet orifice et la pointe, qui se compose de godrons comme des côtes de melon en relief, diminuant d'épaisseur vers la base, une petite galerie de douze colonnettes. Dans les intervalles qui séparent ces petites colonnes se revoit le monogramme répété I. H. S. Cette galerie est dorée. Les ombres du vase d'argent sont peintes en bleu.

La lettre initiale de ces comptes est un S bleu, avec filets blancs dans un ovale d'or, lequel est inscrit au milieu d'un carré violet échancré à trois de ses angles, bordé de filets noirs et de quelques ornements blancs très-déliés. Le dessin de la navette d'argent avec ses détails dorés, payé à Pierre Reymon l'an 1557, est daté sur le livre de 1568 : peut-être la bailie le fit-elle refaire.

Au Louvre, et au n° 297, on peut voir un bassin circulaire où P. Reymond peignit, l'année 1569, en grisaille sur fond noir, chairs colorées et détails dorés, le sujet de *Jéthro au camp de Moïse* : diamètre, 465 millimètres. Jéthro amène à son gendre Séphora et ses deux fils sur la montagne sainte où Moïse siégeait pour juger le peuple. On reconnaît Moïse aux cornes ou rayons d'or de sa chevelure et à son sceptre. Jéthro est assis près de lui sur des degrés, vieillard; deux soldats et homme embrassant un tronc d'arbre, à droite; à gauche, Jéthro arrivant au camp; tentes dans le fond. Un jeune homme tenant un livre suit Jéthro; sa fille Séphora, femme de Moïse, est assise au pied d'un arbre avec ses deux enfants; derrière cet arbre, vieillard et jeune homme causant. D'un autre côté, scène composée de trois femmes à coiffure étrange, assises, et de deux guerriers. Plus à gauche, hommes isolés; deux autres marchant, ayant en tête le bonnet phrygien; dans le fond, tentes sur des plans différents. La tente la plus rapprochée a ses rideaux soulevés; deux femmes reposent sur la terre : une d'elles tient un enfant sur ses genoux. On lit, en lettres noires, sous les pieds de Moïse : EXODE, XVIII, et, sous ceux du vieillard debout, près de Jéthro : P. R., 1569. Une vignette dorée encadre la composition, et une plus petite, le vide central. Le rebord est décoré comme celui du plat où est représentée *la Cène*, décrit à l'année 1565, n° 296 du Louvre. Sur un écusson correspondant à la partie du bassin où est la figure de Moïse on voit encore les initiales P. et R. inscrites en or. Le revers est orné d'un cartouche rond où l'artiste a peint quatre têtes d'anges ailées; une harpie portant sur la tête une corbeille de fleurs, et un monstre à tête humaine dont le corps se termine par une double queue de poisson. Les enroulements supportent une couronne de fruits coupée par deux masques de couleur de chair, surmontés d'un croissant et entourés de draperies; arabesques d'or sur fond noir; frise d'ornements en grisaille relevés par de légers détails dorés.

M. Didier Petit, de Lyon, page xxvi, dans la liste des

émailleurs de Limoges, signale une œuvre de P. Reymond avec ses initiales, du cabinet du roi de Prusse, au Kunet-Kammer, à Berlin.

Une aiguière de la collection de M. Pourtalès porte la date de 1572.

Le registre de la confrérie du Saint-Sacrement de Saint-Pierre mentionne à la dépense de l'année 1572-1573 : « Plus, payé à Pierre Reymond, peinctre, pour six pannonceaulx, quatre pour nous, cing pour Jehan Nouhailher, prebstre, notre combayle, et ung pour le *courrieu* (courrier), v liures v sols ».

Aux comptes de la bailie de 1574-1575, article dans les mêmes termes : « Paye IIII liures xviij sols pour des pannonceaux »; dans la même année : « Plus, paye à Pierre Reymon (*sic*) (l'orthographe variait suivant les écrivains, comme elle a fait pour le nom de Nouailher, que nous venons de citer) pour auoir mis au present libure le pourtraict dung bourdon, trois liures tournois, III liv. ».

Ce bourdon d'argent est porté payé à *Jehan Jndot, orpheuure*, pour argent, dorure et façon, soixante-une livres dix-huit sous tournois, lxj liv. xviij s. Son image est peinte en regard de ces deux notes. C'est un petit temple à six colonnes, formant six portiques en arcades ornées de dentelures dorées; dans celle du milieu, un crucifix d'or à qui un cœur entouré d'une dentelure sert de piédestal; dans le centre de ce cœur, le monogramme I. H. S. en or, comme la bordure; aux arcades de droite et de gauche, deux grands anges, dont les cheveux, les ailes et les vêtements sont dorés, posent une main sur ce cœur, et tiennent, l'un, une croix, et l'autre une colonne. Au-dessus des arcades formées de pilastres, on voit un ange, et, sur celle du milieu, deux, placés aux côtés d'un monogramme plus petit. Corniche d'or; toit en écailles de poisson. Au sommet de ce toit circulaire, très-petit temple hexagone, sur le fronton duquel est assis Dieu le père, avec la tiare et le globe du monde, bénissant de la droite. La douille de ce bourdon ou bâton de grand-chantre est cannelée et dorée; elle s'élargit en rayons courbes pour rejoindre la base de ce petit édifice. La date 1575 est partagée en deux par cette douille.

Un des beaux ouvrages de notre infatigable émailleur pendant l'année 1578 est un grand plat ovale, en grisaille sur fond noir, chairs colorées et détails dorés : *Saphan lisant devant Josias le livre de la loi;* long de 515 millimètres, et large de 395. Ce sujet est emprunté à l'un des cartons de Raphaël; celui du revers, *la Mort d'Ananias,* à une gravure d'Étienne de Laulne. Ce plat est inscrit au nº 298 du catalogue du Louvre.

Josias est assis sur un trône élevé de deux marches entre deux colonnes; son sceptre est fleurdelisé, et la couronne, qui surmonte son turban, *radiée* ou à pointes. Agenouillé devant les degrés du trône, Saphan lit dans un grand livre qu'il appuie de ses deux mains sur un haut pupitre; aux feuillets de ce livre est écrit en lettres noires : *La saincte loi au liure cōserve elue et devant Josias roi puissant, qui veut de faict quelle soit observée, tāt il se rend à Dieu obéissant.* Un autre livre fermé est à terre près du genou du lecteur. Le sacrificateur Hilkéja, et Hajaja, serviteur du roi, sont au premier rang du groupe, au fond; derrière Saphan, Abikam, son fils, et Hacbor, fils de Micaja, à ce qu'on peut croire; plus loin, deux vieillards. On lit sur l'estrade du trône : IIII. *Rois,* XXII, 1578, et P. R., sur la droite. Une vignette dorée encadre la composition.

La même frise que nous avons décrite au plat et au bassin, représentant *la Cène* et *Jéthro au camp de Moïse,* décore le rebord de ce beau plat; la date de 1578 y est répétée dans un écusson en chiffres d'or.

Minerve, le casque en tête, un étendard à un bras, à l'autre, le bouclier où figure la tête de Méduse, est peinte debout sur le revers de ce plat; autour de la déesse, on lit : 1578, *Minerve, mère de tous les arz,* en caractères dorés. Une vignette, dorée aussi, puis une frise en grisaille, entremêlée de brindilles d'or, font à ce sujet un double encadrement. Dans un écusson allongé de cette frise, se retrouvent, en lettres noires, la date *iuillet* 1578, et les initiales P. R. On peut voir par là le goût dominant de l'époque, qui réunissait les sciences profanes aux sciences religieuses : au dedans du plat, sujet biblique; en dessous, sujet mythologique.

Le musée de Cluny conserve deux plaques ovales en couleurs rehaussées d'or, nº 1045 de son catalogue : *Susanne surprise par les vieillards.* Sur la première, à droite, cette inscription dans un carré long : M. IEHAN. GVENIN. 1581, et, au-dessus, le donateur de cet *ex-voto,* à genoux, accompagné de saint Jean, son patron (1).

(1) Un titre de 1504 mentionne la maison d'un Jehan Guenin, rue du Perron-Sainte-Valérie, qui devait une rente à l'abbé de Saint-Martial.

Sur l'autre plaque, le portrait de la femme de Jean Guenin, avec la même date et le même sujet répétés. Ces plaques sont absolument semblables à l'assiette n° 301 du Louvre, signée aussi P. R. Leur travail annonce la décadence de ce talent si laborieusement exercé, décadence amenée sans doute par l'âge avancé de P. Reymond.

Le compte de la confrérie du Saint-Sacrement de Saint-Pierre fait mention, à l'année 1581, de cette dépense : « Payé à Pierre Reymon pour pourctraire au pñt liure ledict pillier, xx sols ». Ce pilier était un candélabre de bronze, fondu par François Rouland, qui supportait un large entablement en corniche où brûlaient dix cierges; la colonne en était cannelée, et le chapiteau orné d'anges.

Nous n'avons pas trouvé de Pierre Reymond d'autres œuvres ayant de date postérieure, et la note suivante, recueillie au registre des comptes de la même confrérie, pour la baylie, de 1583 à 1584, doit faire penser que notre émailleur était alors bien proche de la fin de sa carrière artistique, et peut-être de son existence.

A la page 94, à la suite du coût du parchemin du livre des *Estatutz*, xx sols, et de celui de sa reliure, x sols, il est écrit : « A Pierre Reymond, peinctre, pour auoir faict ung image au qmensement dicelluy, xxx sols ».

En partant de 1534, et finissant à 1584, nous calculons cinquante années, employées par cet émailleur à produire une quantité d'œuvres variées et estimées.

PIERRE II.

Pierre Reymond, orfèvre, dont nous avons retrouvé le contrat de mariage, en 1618, avec Madeleine Disnematin, et d'autres actes de 1631, n'était pas de la descendance directe de Pierre Ier : il peut avoir été son filleul; il était fils de Martial Reymond, émailleur, dont il sera question dans une autre biographie. J'ignore si le second Pierre Reymond a exercé l'art de l'émaillerie : on pourrait lui attribuer, dans ce cas, les derniers ouvrages de Pierre Ier, qu'on trouve plus faibles. Il est probable que Pierre Reymond n'eut qu'une fille, mariée à Léonard Bourdeyron, qui payait, au commencement du XVIIe siècle, quatre livres de taille sur sa maison, article 66 du rôle, et les autres héritiers, trente sols.

Si cette Notice n'était pas destinée à être lue devant une Société qui s'intéresse à tout ce qui fait la gloire du Limousin, je m'imposerais l'obligation d'être bref dans les descriptions des produits de notre émaillerie. On a si souvent avancé que les émailleurs étaient ignorants ou illettrés que je crois devoir développer et énumérer avec une certaine complaisance aux yeux de nos compatriotes les diverses œuvres de Pierre Reymond où il s'est montré habile orfèvre, ciseleur, peintre et émailleur. Le grand nombre de ces ouvrages, qui ont nécessité des connaissances si variées en histoire sacrée et profane, et même en archéologie, fera excuser la longueur de ces développements.

Mon goût zélé pour les émaux m'a fait rechercher avec empressement les occasions de voir et d'examiner avec attention tous ceux qui étaient à ma portée. Notre ville possède très-peu d'émaux de P. Reymond. M. Simon, commissaire priseur à Limoges, m'a montré un couvercle de coupe de 11 centimètres de diamètre : de son sommet s'élève un bouton sortant d'un bouquet de feuilles de laurier; sur sa convexité, Tibère et Caligula sont peints en grisaille en deux médaillons entourés de guirlandes de laurier : on y lit les initiales P. R. dans la partie concave; médaillons, bustes d'un homme barbu et d'une femme; les figures et les ornements sont d'un travail plein de délicatesse. J'ai vu le couvercle d'une autre coupe qui devait faire pendant à celle-ci : la tête d'Auguste couronnée de laurier y figurait dans un médaillon. Le mauvais état de sa conservation ne me permit de distinguer que les têtes d'Amour, les arabesques d'or de son ornementation, et la signature abrégée P. R.

La collection de M. Dépéret, curé de Saint-Léonard, renfermait deux salières de ce maître; une troisième, de même forme, qui appartenait à M. J. Senemaud, représentait *Apollon au milieu des Muses*. Le dessous de ces salières était revêtu d'un émail jaune foncé.

Angoulême est plus riche que Limoges en œuvres de P. Reymond : M. Bolle me montra avec orgueil une belle assiette où le *Jugement du pannetier de Pharaon* est traité en couleurs. Son diamètre est de 20 centimètres. Sept personnages entourent le souverain de l'Égypte. On lit sur son trône : PHARAO. Cette composition a pour encadrement des têtes de chérubin et des dragons ailés. Au dos de l'assiette, buveur tenant un verre de vin;

fruits et fleurs. Les initiales P. R. sont inscrites sur les deux faces, dessus et dessous.

M. Callaud, négociant du faubourg Saint-Cybard, avait enrichi sa collection d'une assiette en grisaille de ce maître : il y avait peint *Hercule revêtu de la peau du lion de Némée, escorté de sept guerriers;* un vieillard à qui l'on présente des pigeons. Au second plan, deux vaisseaux, avec leurs pilotes et six rameurs chacun; dans le ciel, trois harpies poursuivies par des génies ailés armés d'épées et de boucliers; de petits satyres sonnant de la trompe, assis sur des chars entre des grappes de raisin, en forment l'encadrement. Au revers, tête d'homme portant un masque comique dans un médaillon entouré des mêmes ornements.

A Poitiers, Mme de La Sayette conservait une grande assiette en grisaille teintée, que les rédacteurs du catalogue de sa collection attribuent à Pierre Reymond; elle est enregistrée au n° 156; un sujet tiré de l'Histoire ancienne y est représenté; le bord est orné d'enfants, de rinceaux et de cornes d'abondance; le revers, d'arabesques et de mascarons à têtes d'ange. Son diamètre est de 24 centimètres.

A Lyon, M. Didier Petit était possesseur d'un magnifique triptyque de 60 centimètres de largeur sur 49 de hauteur : cette pièce est proclamée par cet amateur éclairé *une des plus capitales qui soient connues, et qui existent dans les collections de France et de l'étranger*. Elle nous présente un double intérêt en ce qu'elle a été exécutée par un artiste éminent de notre ville, et pour un grand seigneur de la province. Ce triptyque dut en effet être commandé par Philippe de Bourbon-Busset et de Chalus, chevalier, fait sénéchal du Bazadais, l'an 1549, par le roi Henri II, et tué à la bataille de Saint-Quentin le 10 août 1557. Philippe avait épousé, l'an 1530, Louise de Borgia, veuve de Louis II de La Trémouille, héritière de Charlotte d'Albret, dame de Chalus, terre qu'elle porta en dot à son mari. *Jésus-Christ* est peint en grisaille dans le panneau du milieu de ce triptyque, *entouré de ses disciples, au jardin des Oliviers;* dans le cintre du haut de la composition, le *Père éternel;* au volet de droite, *Notre-Seigneur descendant aux lymbes;* au volet de gauche, *son Apparition à saint Thomas et aux apôtres;* au cintre du volet de droite, armoiries des Bourbon-Busset, semées de France à une bande en devise de gueules adextrées et sénestrées *d'argent*, au chef d'argent à une croix potencée d'or, accompagnée de quatre croisettes de même.

qui est de Jérusalem; ange pour support. Au cintre du volet gauche, les mêmes armes accolées *parties* de Valentinois-Borgia, écartelées, au premier et au quatrième, de France; au deuxième, d'or, à une vache passante de gueules accornée d'or, posée sur une terrasse de sinople; au troisième, à trois fasces de sable et trois fasces d'or, contre-écartelées, au deuxième et troisième, de France et d'Albret, qui est de gueules simplement.

M. Didier Petit croit reconnaître dans le style du dessin de ce triptyque celui des premiers maîtres de la Renaissance, et notamment de Raphaël et de Jules Romain. Cette opinion ferait remonter les débuts de Pierre Reymond dans la carrière un peu avant 1534 si cet émail fut commandé à l'époque du mariage de Philippe de Bourbon-Busset avec Louise de Valentinois, l'an 1530; mais, comme il témoigne de la maturité du talent de l'émailleur, il n'est pas impossible qu'il ait été peint long-temps après cette époque, Mme de Bourbon-Busset ayant pu la faire faire à l'auteur, aussi bien que son époux. Ses premiers ouvrages, peut-être moins bien payés, furent-ils aussi moins soignés.

Le même amateur lyonnais vante encore la perfection d'une salière de sa collection, n° 99, qui a 115 millimètres de diamètre à sa base et 95 à sa partie supérieure sur 80 de hauteur; des chasses y sont peintes en grisaille, avec cette devise : *Prenez en gre se peti dō*. Dans le creux de la petite coupe, une tête de guerrier; au-dessous, les initiales P. R.

Une autre salière, enregistrée n° 100, est parfaitement semblable à celle-ci, et formait la paire.

M. Didier Petit attribue à Pierre Reymond la coupe n° 102 de son cabinet, où sont peints *les Songes de Pharaon*, *le Triomphe de Joseph*, sur la partie concave; la partie inférieure et convexe présente des ornements en or et grisaille; le pied, *le Triomphe de Neptune* et *celui de Thétis*. Cette déesse se voit encore sur la tige entourée de tritons et de nymphes. Dans la concavité du couvercle, enfants jouant de divers instruments de musique en des médaillons; et, dans la convexité de ce même couvercle, les *Frères de Joseph accompagnant Benjamin et faisant des provisions pour retourner auprès de Jacob*.

La coupe sans couvercle n° 708 de la collection de M. Debruges représente, aussi en grisaille, carnations animées et filets d'or, sur son pied, *les Frères de Joseph chargeant leurs ânes pour aller rejoindre leur père*, et l'intérieur de la coupe, *l'Entrevue de Jéthro et de Moïse*, signée P. R.; à l'extérieur, ceinture d'oves, bouquets de fruits; autour de la tige, divinités marines; toujours le mélange de sacré et de profane, cachet de la Renaissance. Sa hauteur est de 15 centimètres, et son diamètre de 17.

Le bassin n° 709 est peint de la même manière : autour du point central extérieur, *la Création d'Ève, le Fruit défendu, l'Expulsion du paradis terrestre*, et *la Mort d'Abel*. Les initiales P. R. se lisent au-dessous d'Adam. Le bord est orné d'un enroulement de grotesques variés; le revers est divisé en quatre compartiments, qui renferment chacun deux sphinx, mâle et femelle, par des figures de femme dont le corps se termine en gaîne. Le point central intérieur présente un portrait de femme en émail de couleur; ce même point, à l'extérieur, un portrait d'homme. Ce bassin a 17 centimètres de diamètre.

Au n° 710, aiguière élégante, ou, pour mieux dire, véritable *præfericulum* antique, aussi remarquable par sa forme que par le sujet peint sur sa panse : *le Triomphe de Diane*. La déesse est sur un char traîné par quatre cerfs, suivi d'Amours enchaînés et de chiens de chasse; mascarons et grotesques, au milieu desquels la signature P. R.; sur le pied, ceinture d'oves; hauteur, 23 centimètres. Grisaille comme les n°s 708 et 709. On peut en voir les détails, que je supprime, dans une charmante vignette que M. Jules Labarte a placée en cul-de-lampe à la fin du chapitre.

Le Triomphe de Bacchus, coupe avec son couvercle, grisaille à rehauts d'or et chairs teintées, n° 711. Le dieu est sur un char attelé de tigres, suivi de Silène monté sur un âne et entouré de satyres. Au revers, sujets tirés des fables d'Ésope; fond noir et rinceaux d'or; dans quatre médaillons, autant de mascarons. A l'intérieur, buveurs; au bas de la composition, P. R. A l'extérieur, riche cartouche, au centre duquel se rattache la tige du pied, où est peinte *Vénus maritime*, et, au-dessous, la devise : *Non est mortale quod opto*, accompagnant trois écussons, sur l'un desquels les armoiries de Gilles Le Maistre, premier président du parlement de Paris sous les rois François Ier, Henri II, François II et Charles IX; d'azur, aux trois soucis d'or, jambés, 2 en chef, 1 en pointe. Sur les autres écussons, les chiffres ou monogrammes de Gilles Le Maistre, G. L. M., et deux G adossés, séparés par un I, sur fond d'or. Animaux chimériques entre les écussons. Hauteur, 23 centimètres et 19 de diamètre.

Le Mois de Juin, assiette en grisaille teintée, de 20 centimètres de diamètre, n° 712 du catalogue. Tonte de moutons par plusieurs personnages; au bas, P. R. Arabesques sur le rebord; au revers, buste d'homme sur fond noir pointillé d'or.

Ventail gauche d'un triptyque, grisaille à carnations colorées, nº 714, chef-d'œuvre attribué à Pierre Reymond : *Paysage traversé par une rivière.* Au premier plan, six personnages, et trois plus loin. Chasseurs regardant un cerf; revers incolore, marbré de rouge. Hauteur, 31 centimètres; largeur, 17.

Plateau à pied, nº 715 : *Loth et ses filles,* à l'intérieur. Au revers, cartouche orné de masques et de médaillons; une rangée d'oves borde le revers; têtes d'ange sur le pied. Grisaille à carnations animées rehaussée d'or. Hauteur, 9 centimètres; diamètre, 24.

Coupe à pied élevé, nº 716. Sur son couvercle, *Benjamin accusé du vol de la coupe que Joseph avait fait mettre dans son sac.* Au revers, quatre cartouches à sujets. Au fond, *les Songes de Pharaon*, dans un médaillon autour duquel sont peints leur explication par Joseph et son triomphe. Au revers, un grand cartouche décoré de mascarons et de guirlandes de fruits; tritons et néréides sur la tige, et, sur le pied, *Moïse frappant le rocher.* Grisaille rehaussée d'or. Diamètre, 17 centimètres; hauteur, 23.

Au nº 717, aiguière peinte de même, haute de 24 centimètres : sur la panse, *Satyre présentant des fruits à un Fleuve ;* au-dessous, *Moïse élevant le serpent d'airain;* bordure d'oves sur le pied.

Au nº 718, coupe à pied élevé; grisaille teintée. A l'intérieur, *un Repas.* Sur le revers, guirlande de feuillage. Le pied et la tige sont décorés d'entrelacs avec fleurs en couleur. Diamètre, 18 centimètres; hauteur, 14.

Salière sur pied conique, nº 719. Dans la coupe, *tête de guerrier romain au centre d'une guirlande de bouquets de fruits et de mascarons;* sur le pied, *Loth et ses filles.* Grisaille à chairs colorées de 11 centimètres de hauteur et 9 de diamètre.

Coffret orné de dix plaques d'émail, nº 720. Quatre sujets sur les quatre pans du couvercle en forme de toit : *Berger et bergère avec leur troupeau: — Sem et Japhet couvrant d'un manteau Noé, leur père.* — Tête de femme : ÉLÈNE; tête d'homme : ERCULES. Sur le devant du coffre, deux sujets : *Cavalier conduisant une dame par la main: jeune seigneur en prenant une autre par la taille:* costumes comme au temps du roi François Ier. Sur la face opposée, deux sujets : *Daniel dans la fosse aux lions*, et *Deux paysans portant à l'aide d'un bâton la grappe merveilleuse.* Des inscriptions en vieux français expliquent les sujets. Sur la face latérale de droite, *Junon, assise dans un char attelé de deux paons, vient demander à Eole de déchaîner les vents contre la flotte troyenne*, avec cette légende : ÆOLUS IMMITTIT VENTOS JUNONE PRECANTE. Au côté gauche, *Vénus, traînée dans un char par quatre colombes dirigées par l'Amour, ordonne à celui-ci de se présenter à Didon sous les traits d'Ascagne*. On lit ces autres vers latins sur une bandelette : CUI VENUS ASCANI SUB IMAGINE MITTIT AMOREM. Grisaille dorée; hauteur, 28 centimètres; longueur, 17; largeur, 20.

Le Mois de Juin, plat rond, n° 721 : *Bergère assise tondant des moutons que lui apportent deux hommes ;* élégants rinceaux sur le rebord. Au revers, *Mars debout sous un portique décoré d'arabesques*. Camaïeu bleu et or. Diamètre, 26 centimètres d'après Étienne de Laulne. Le Louvre possède quatre assiettes, qui paraissent appartenir à cette collection, signées P. R.

Cuiller n° 722, en camaïeu rehaussé d'or. *Énée portant son père Anchise* est peint dans la cavité; le manche, orné de feuillage, se termine en pied de biche.

Après avoir indiqué les émaux datés et signés de P. Reymond que j'ai pu admirer à l'hôtel de Cluny, je dois citer encore une grande coupe à pied, enregistrée au n° 1014 du catalogue de son riche musée. Grisaille : *Moïse rendant la justice* est représenté dans sa concavité; *Moïse au désert, entouré de Jéthro et de Séphora*. Sur la partie convexe, ornements, arabesques. Sur le pied, divinités marines se jouant au milieu des eaux. A l'intérieur, les initiales P. R.

Autre coupe n° 1015, faisant partie du même service. Dans la partie concave, *Jacob bénissant ses fils;* ses enfants sont autour du lit où le patriarche est couché. A l'extérieur, ornements divers. Groupe de tritons sur le pied, et signature P. R.

Autre coupe à pied, de forme très-évasée, n° 1016. Grisaille teintée : *Diane*. La déesse de la chasse est peinte dans le creux de ce vase, suivie de chiens, de cerfs et de sangliers. L'extérieur est orné d'arabesques à filets d'or. Le pied porte l'écusson du président de Mesmes, écartelé, au premier, d'or au croissant de sable; au deuxième et troisième, d'argent, à deux lions de gueules; au quatrième, d'or, à l'étoile de sable, au chef de gueules, à la pointe d'azur et d'argent. Signé P. R.

Assiette représentant les travaux du *Mois d'Avril*, n° 2030 du supplément au catalogue, signée au bas de la composition : P. R.

L'assiette de la même suite, n° 2031, *Mois d'Octobre*.

Il fit une suite de douze scènes de *la Passion* en petits médaillons de 40 millimètres de diamètre (celui d'une pièce de cinq francs), remplis de personnages. On en a recueilli dans diverses collections. Le n° 9 de la suite de la collection Sauvageot offre la scène du *Lavement des pieds*, avec la signature P. R.

Ce qui démontre la variété et la flexibilité du talent de notre émailleur, c'est que, après avoir exécuté ces sortes de miniatures, il peignit de très-grandes figures sur le triptyque aux armes de Philippe de Bourbon, haut de 490 millimètres, collection Pourtalès; quatre plaques en grisaille d'un blanc laiteux, dont deux représentent *la Prédication de saint Jean-Baptiste;* une, *le Baptême de Notre-Seigneur;* la dernière, *la Décollation du Précurseur.* Leur hauteur est de 365 millimètres, et leur largeur de 155. *La Prédication* est le sujet le mieux traité. Collection Héricart de Thury.

Grand plat rond à support d'aiguière. Collection Achille Seillière. Au centre, sur le support, portrait de femme, fond bleu; autour, *Scènes de l'histoire de Psyché;* au bas est écrit : L'AMOVR DE CVPIDO ET DE PSICHE MERE DE VOLVTE. 452 millimètres de diamètre. Cet émail, qui satisfait l'œil plutôt sous le rapport de l'effet comme décoration que sous le rapport de la couleur, est une des œuvres importantes de P. Reymond.

Trois plaques, détachées d'une suite de douze scènes de la Passion, d'après Albert Durer, collection Carrand, représentent *Pilate se lavant les mains; Jésus portant sa croix; sa Mise au tombeau.* Les initiales P. R. sont inscrites sur l'émail brun du tombeau. 115 millimètres hauteur; 83 largeur. *La Déposition de la croix,* de la même suite, est conservée par M. Germeau, notre ancien préfet.

Dans la collection Visconti, plat rond peint en grisaille. *Le Jugement de Paris;* sur les bords, arabesques et têtes de lion en relief; 375 millimètres de diamètre.

Mais c'est au Louvre qu'il faut aller reconnaître le nombre et la diversité des ouvrages de Pierre Reymond, où se remarquent toujours les souvenirs bibliques et mythologiques.

Au n° 299, plat ovale, grisaille sur fond noir, chairs colorées, filets d'or; longueur, 500 millimètres; largeur, 385. *Joseph expliquant les songes de Pharaon,* d'après Étienne de Laulne. A droite, le roi, assis sur un trône, est coiffé d'un turban ceint d'une couronne radiée; dans sa main gauche, un sceptre; les pieds croisés sur un coussin; le trône, élevé de deux marches, est placé sous un dais à baldaquin et rideaux; deux vieillards debout; sur le devant, Joseph, la main étendue vers Pharaon; derrière lui, vers la gauche, groupe d'hommes à costumes extraordinaires. Arcade au fond, à travers laquelle on aperçoit la campagne, où sont figurées les vaches grasses et les vaches maigres, et des groupes d'épis dorés, songes de Pharaon. Sur les marches du trône, on lit, écrit en rouge : *Pharaon,* Genèse XLI. La vignette dorée qui encadre ce sujet est semblable à celle du bassin n° 300, dont la description va suivre; il en est de même du décor du rebord, qui présente de plus un écu armorié, de gueules au chevron cousu d'azur, chargé de trois croisettes d'or, appointé d'un croissant d'argent, et accompagné de trois quintefeuilles de même. Au revers, guerrier tenant une lance, et couvert d'un manteau sous un dais soutenu par quatre colonnettes; frise, comme au n° qui suit.

N° 300. — *Jugement de Salomon :* plat ovale, grisaille fond noir, carnations animées, rehauts dorés; mêmes dimensions que le précédent, et d'après la gravure du même E. de Laulne. Salomon, la couronne en tête et le sceptre en main, est assis sur un trône élevé; devant lui, un soldat tient un enfant par le pied; l'autre main est armée d'un glaive; de chaque côté, les deux mères : l'une à droite, à genoux, tend les bras vers l'enfant; celle de gauche les tient ouverts et pendants; l'enfant mort est étendu sur un linge près du premier degré de l'estrade : un chien s'en approche; sur les trois marches du trône sont tracées, en lettres noires, les paroles de l'Écriture sainte: DATE HUIC INFANTEM VIVUM, INQUIT, QUANDOQUIDEM HEC EST MATER EJUS, ET TIMUERVNT OMNES REGEM. 3, REG. 3. Nombreux spectateurs, trois à droite, trois à gauche, les autres, à l'extérieur, paraissent entre des colonnes; mur d'appui, et draperie qui sert de fond au trône du roi Salomon; deux groupes de figures : cinq à droite, six à gauche. Jeune homme s'accrochant à une colonne. Au bas de ce petit tableau, la signature P. R. en noir; une vignette dorée encadre la composition. Revers orné d'arabesques en grisaille; le revers est décoré en sens inverse de l'intérieur. Femme en costume des Françaises du XVIe siècle, les deux mains dans un manchon, debout sous un baldaquin supporté par quatre colonnettes; tête d'enfant ailée sous une corbeille de fruits avec enroulements, servant de couronnement au dais, aux angles duquel deux vases pleins de flammes. Les autres accessoires comme sur l'intérieur du plat, sauf une frise à large dessin enrichie de brindilles d'or.

N° 301. — *Susanne au bain :* assiette en émaux de couleur et rehaussés d'or sur fond bleu; 195 millimètres de diamètre. Susanne se baigne dans le bassin d'une fontaine; deux vieillards, en partie cachés par un arbre couvert de fruits; parterre séparé par une barrière d'une prairie où l'on voit deux personnes dans l'éloignement; à l'arrière-plan, un pavillon à trois étages; ciel parsemé d'étoiles d'or; au bas de la pierre du bassin, les initiales dorées P. R. Une petite vignette d'or encadre la composition. Une frise où des têtes de chérubin alternent avec des vases, séparés par des arabesques que terminent des bustes de femme. Le revers, émaillé en noir, est décoré comme celui des assiettes des mois que je décrirai plus bas sous les n°s 307 à 315, sauf la frise, formée d'arabesques dorées.

N° 302. — Assiette peinte de la même manière et des mêmes dimensions que la précédente. Le sujet est aussi le même d'après Jules Romain. Un des vieillards enlace la taille de Susanne d'une main; le second retient son bras gauche. A droite, des arbres; fontaine à gauche; en arrière, un vivier où nagent des canards; plus loin, deux rangs de treillis; maison dans le fond; étoiles dorées au ciel. Les initiales P. R. tracées en or sur la pierre du bassin. Vignette, rebord et revers semblables à ceux du n° 301.

N° 303. — *Susanne traînée devant les juges,* assiette peinte comme les précédentes et les suivantes n°s 304, 305 et 306, et du même diamètre. Deux soldats, dont l'un tient une corde, poussent devant eux Susanne, qui croise ses bras sur sa poitrine. Deux vieillards, qui vont la juger, sont assis sur un banc. Un arbre couvert de fruits se voit au centre, et dans le fond deux tentes sur l'herbe d'une prairie. Ciel étoilé, initiales P. R. en or près du pied du vieillard de gauche. Mêmes vignette, rebord et revers.

N° 304. — *Susanne conduite au supplice,* assiette de la même suite : Susanne marchant entourée de cinq hommes d'armes : quatre ont des casques, et trois des boucliers; en avant du groupe, le jeune Daniel, debout, étendant le bras gauche vers Susanne, un sceptre d'or à la main droite; prairies dans le fond; la signature P. R. à gauche, près des pieds des soldats; le reste décoré comme ci-dessus.

N° 305. — *L'Innocence de Susanne proclamée,* assiette en tout semblable aux précédentes. A droite, Daniel assis sur un trone élevé de trois marches, orné d'une draperie verte; debout près de lui, Susanne essuyant ses larmes; en avant, à gauche, les vieillards coupables, les mains liées; soldat portant un bouclier; deux autres vieillards et un personnage derrière des hallebardes entourent Susanne; femme près d'une colonne sur la base de laquelle est inscrite en lettres d'or la signature P. R. Le fond est rempli par des édifices. Mêmes vignette, rebord et revers qu'au n° 301.

N° 306. — *La Lapidation des vieillards,* assiette de la même suite. Au centre, les deux vieillards à genoux et dos à dos, nus jusqu'à la ceinture, et couverts de blessures saignantes; près d'eux, hommes debout, ayant des pierres dans les mains; un troisième soulève au-dessus de sa tête une plus grosse pierre. A droite, vieux prêtre. P. R. tracés en or entre les pieds du troisième bourreau. Le reste comme à l'assiette n° 301.

Le Mois de Janvier, d'après E. de Laulne : assiette en grisaille, filets d'or, chairs colorées, fond noir, n° 307; diamètre, 200 millimètres, comme les *Mois,* qui vont suivre. Homme et femme assis près du feu, devant une table ronde; deux serviteurs versent à boire, ou portent les plats; deux chiens sont à leurs pieds, et un chat sous le fauteuil du maître; la porte, ouverte, laisse entrevoir un homme agenouillé devant le feu de la cuisine, et par les fenêtres on découvre la campagne. Dans le haut de cette composition, le signe du Verseau sur fond d'or; au bas, le nom du mois, et, sur le manteau de la cheminée, les initiales P. R. Le rebord est décoré de mascarons alternant avec des vases, et relié par des syrènes en arabesques; le revers, de masques et de termes rattachés par des enroulements, et disposés en rosaces. Deux frises concentriques, l'une en légers traits d'or, l'autre en grisaille et or, complètent l'ornementation.

N° 308. — *Le Mois de Février,* même suite d'assiettes : vieillard se chauffant assis devant une cheminée; femme debout, portant une quenouille à sa ceinture; valet chargé de bois; chien, coq et poule sur le premier plan; par la porte ouverte, on voit un homme coupant un arbre dans la campagne; le signe des Poissons dans le haut, et le nom du mois dans le bas de la composition; vers la droite, P. R. Les rebords et revers de toute cette suite sont semblables.

N° 309. — *Le Mois de Mars :* homme coupant du bois; femmes portant un fagot sur l'épaule ou sur la tête; des arbres, des fabriques, remplissent le fond du paysage, avec des moutons paissant, le signe du Bélier, le nom du mois et les initiales P. R.

N° 310. — *Le Mois d'Avril :* berger, la tête couverte, une houlette en main, assis dans un pré ; deux femmes cueillent des fleurs, et en placent dans un panier ; un chien les accompagne ; paysage égayé par des groupes de figures et des animaux ; un pâtre joue de la cornemuse en gardant son troupeau ; un chasseur anime ses lévriers au son du cor. Vers le ciel, le nom du mois près d'un panier ; dans le bas à droite, P. R.

N° 311. — *Le Mois de Juillet :* agriculteurs fauchant un pré ou aiguisant leurs faux ; trois enfants se baignent dans une rivière ; homme conduisant un cheval traînant une voiture de foin. Signe du Lion, nom du mois, placés en haut et en bas ; à gauche, P. R.

N° 312. — *Le Mois d'Août; la Moisson :* un homme coupe, avec une faucille, des poignées de blé ; un autre lie des gerbes. On voit deux autres travailleurs en partie cachés ; un quatrième, dans le fond, conduit une voiture chargée. Signe de la Vierge, nom du mois ; lettres P. R.

N° 313. — *Le Mois de Septembre :* homme ensemençant un champ labouré ; poulet et pigeons qui mangent le grain dans les sillons ; en arrière, femme assise près d'un sac ; plus loin, laboureur dirigeant deux bœufs attelés à une charrue ; fabriques et ruines dans le fond du paysage ; signe du Scorpion et nom du mois placés comme dans les autres assiettes.

N° 314. — *Le Mois de Novembre :* récolte des glands par un homme armé de deux épieux ; nombreux troupeau de porcs sous les arbres ; plus loin, une femme broie du chanvre ; dans le fond, un pâtre endormi près de ses moutons. Le signe du Sagittaire sur fond d'or, le nom du mois et les initiales P. R.

N° 318. — *Abraham et Melchisédech :* aiguière en grisaille sur fond noir ; détails et inscriptions dorés ; 300 millimètres de hauteur, 100 de diamètre. Melchisédech y est peint en costume sacerdotal, présentant des pains à Abraham, dont la tête est casquée, et le corps revêtu d'une armure ; le roi de Sodome est auprès de lui, et Loth en arrière. Près d'un arbre, trois hommes et une femme apportent de grands vases de vin ; troupe armée dans le paysage du fond. Un chien est aux pieds d'Abraham ; des étoiles dorées brillent dans le ciel, et on lit au-dessus de la tête du sacrificateur : *Genèse XIIII.* A la partie supérieure de l'aiguière, arabesques se reliant à un muffle d'animal cornu ; à droite et à gauche, satyres sonnant de la trompette : ils sont placés l'un au-dessus d'une chèvre, l'autre au-dessus d'un animal grotesque. Le goulot et le pied sont décorés de feuillages; l'anse, d'ornements rouge et or sur fond d'émail blanc; le bec, d'une arabesque dorée; sur la base du pied, quatre têtes d'ange ailées et paquets de fruits ; le dessous est noir parsemé de fleurettes d'or.

N° 319. — Vase en grisaille, etc., comme l'aiguière, haut de 235 millimètres; diamètre, 125. Le même sujet d'*Abraham et Melchisédech;* il y a de moins un porteur de vase, et de plus deux jeunes gens, l'un chargé d'une amphore, l'autre d'un grand plat de pains. La foule du peuple est moins grande : on y a ajouté un mulet, et un corps de troupes de plus dans le fond du paysage; le chien d'Abraham a disparu. Le haut du vase présente Silène étendu, et s'appuyant sur une outre : un satyre lui offre des fruits sur un bassin. Un rang d'oves forme un cercle autour de la composition; un autre décore la base du pied.

N° 323. — Salière hexagone, grisaille sur fond noir teintée de tons rosés; inscriptions et détails dorés; 670 millimètres de hauteur, 80 millimètres de diamètre. — *Adam et Ève. — Salomon adorant les faux dieux. — Sisara mis à mort par Jahel*, d'après Lucas de Leyde. — *Virgile suspendu à la fenêtre d'une dame romaine,* id. — *Samson et Dalila,* id. — *Aristote servant de monture à une courtisane,* id. — 1° Adam, debout, cueille une pomme sur l'arbre, autour duquel est enroulé le serpent à tête humaine, qui s'abaisse vers Ève à demi couchée à terre, et lui présente le fruit, qu'elle reçoit de la main droite. — 2° Le roi Salomon s'agenouille devant une colonne supportant une idole. On lit sur son piédestal : P. R. ; dans le haut : SALOMON. — 3° Sisara est vu de dos, étendu près d'un arbre; Jahel tient un marteau et un clou déjà enfoncé dans la tête de Sisara. On lit à l'un des côtés : SISERO. — 4° Virgile est assis, les bras croisés, dans un grand panier suspendu à une fenêtre où deux femmes sont accoudées; groupe de spectateurs à droite, à l'angle de la maison: dans le haut, le nom de VIRGILE. — 5° Samson sur les genoux de Dalila, qui tient une mèche de ses cheveux et des ciseaux; Philistins dans le fond. — 6° Aristote marchant sur les mains et les genoux; une jeune femme, à cheval sur son dos, tient, d'une main, un cordon passé dans la bouche du philosophe, de l'autre, fait claquer un fouet. — Le creux destiné à recevoir le sel est décoré d'un profil d'homme casqué, entouré d'une frise formée par des cornes d'abondance alternant avec des vases de fruits. Sur la face antérieure, profil de femme encadré par des guirlandes de fruits rattachées à des anneaux.

N° 324. — Salière faisant pendant à la précédente, peinte de la même manière et des mêmes dimensions : scènes de la vie d'Hercule : 1° ce héros *étouffant Antée;* — 2° *combattant Cerbère;* — 3° *enlevant Déjanire;* — 4° *soutenant le ciel;* — 5° *Mort du centaure Nessus;* — 6° *Mort d'Hercule.* — Hercule soulève Antée, et l'étreint vigoureusement de ses bras. On lit au-dessus : ERCULES ANTE. — Cerbère est sur le point d'être frappé de sa massue. L'inscription SERBERE GVANE et les initiales P. R. en noir. — Le demi-dieu, vu de dos, enlève Déjanire, dont le bras est posé sur son épaule; il tient, de la droite, une mèche de cheveux d'Acheloüs, qui a une tête humaine et un corps de taureau. ERCULES PRIN DEIANIRA. Hercule soutient sur ses épaules le globe céleste, et combat l'hydre sur l'arrière-plan. — Nessus, sur le devant, renversé et percé d'une flèche; dans le fond, Hercule et Déjanire. — Hercule couché au milieu des flammes. — Au creux supérieur de la salière, profil de femme; guirlandes rattachées à des anneaux ou à des têtes d'animaux; à la base, même décor qu'au n° 323, à l'exception de la tête, qui est celle d'un empereur.

N° 325. — Autre salière plus grande, grisaille, détails dorés; hauteur, 84 millimètres; diamètre, 105 millimètres. *Vénus et les Amours, Didon recevant Énée,* sujets tirés de l'Énéïde, d'après une gravure par Marc-Antoine de l'œuvre de Raphaël. Vénus assise dans son char attelé de quatre colombes; Cupidon debout sur un nuage au-dessus des colombes; jeune enfant à demi couché sur la partie la plus élevée du char; deux Amours précèdent ce char; un troisième le pousse par derrière. Au compartiment opposé on voit Didon et Énée marchant en compagnie d'Achate et d'une femme. Énée est costumé à la mode du XVIe siècle, et les trois autres personnes sont vêtues à l'antique. Dans la coupe au sel, profil d'homme coiffé du bonnet phrygien; tout autour, arcs et flèches en grisaille reliés par des arabesques dorées. — Revers noir.

N° 326. — Couvercle de coupe, grisaille rehaussée d'or sur fond noir; diamètre, 185 millimètres. *Triomphe de Neptune,* d'après une gravure de Ducerceau; sujet représenté aussi sur une autre salière du même musée où la signature de Pierre Reymond a pu être inscrite. Neptune, armé de son trident, et Diane, tenant un arc, sont portés sur les eaux par des dauphins, et suivis de syrènes qui les couronnent de fleurs. Il y a de plus sur cette salière un triton ailé soufflant dans une longue trompette marine. Amphitrite dirigeant deux chevaux marins, et s'appuyant sur Neptune; centaure marin portant des branchages, et un génie ailé livrant un voile au souffle des vents entre les deux groupes. Le dessous de ce couvercle est décoré d'une rosace centrale, et, sur les bords, d'enlacements et d'arabesques, de deux têtes surmontées d'un croissant; une guirlande de fruits et de feuillage, en grisaille, complète ce décor, et une vignette dorée borde les contours du couvercle.

N° 327. — *Triomphe de Diane,* autre couvercle en grisaille, comme celle n° 326; de plus les chairs colorées. Gravure de Ducerceau. Diamètre, 192 millimètres. Le groupe principal est la reproduction de celui peint sur l'aiguière n° 322; dans celui-ci l'Amour a de plus un bandeau sur les yeux; un lien passe des mains de Diane au bras de Vénus; un chien au bas du char. Nymphe tenant un rameau près de la déesse; une autre en arrière du premier couple de cerfs; un arc et un carquois sur la terre; derrière les génies sonnant de la trompette, une nymphe sonnant du cor a été supprimée; on y a ajouté une nymphe élevant dans les airs, comme trophée, l'arc et le carquois de l'Amour au bout d'une lance; autre nymphe tenant en laisse, d'une main, deux lévriers, et, de l'autre, les trois Grâces, ailées et nues, liées ensemble par des cordons. La marche est ouverte par une nymphe portant une lance avec un trophée de chasse, et une autre armée d'un arc et d'un carquois; viennent ensuite d'autres qui ont chargé une lance de bois de cerf, ou qui frappent un des chiens accouplés; un cor est à terre devant elles. Au-dessous du char, en lettres noires, la signature P. R. Le revers est orné de quatre médaillons ovales; deux figures d'homme et deux de femme en tons de chair et grisaille sur fond noir pointillé d'or; des arabesques doréss et une couronne de feuillages en grisaille complètent la décoration de ce couvercle.

N° 328. — Plaque émaillée en couleurs rehaussées d'or, haute de 201 millimètres, large de 161 : *Jésus lavant les pieds de ses apôtres.* Le christ, à genoux, tient le pied droit de saint Pierre, qui joint les mains, et dont le pied gauche est plongé dans l'eau d'un bassin. Saint Jean près de lui, avec un linge sur l'épaule, porte une aiguière; neuf autres apôtres sont dans le fond en diverses attitudes. Toutes leurs têtes sont ceintes d'un nimbe d'or; celle de J.-C. se détache sur une auréole dorée; le bassin est placé dans une espèce de courant d'eau, entre le banc de saint Pierre et le gradin où le Seigneur est agenouillé. Le revers est incolore.

N° 329. — Plaque plus grande, peinte de même; 225 millimètres de hauteur, 285 de largeur : *la Visitation.* — Sainte Élisabeth, debout, reçoit Marie à la porte de sa maison. Les saintes sont toutes deux vêtues d'une longue robe et d'un manteau, et, leur tête, enveloppée d'un voile blanc, est entourée d'une auréole d'or ; une servante est sur le seuil de la maison d'Élisabeth; une autre, debout derrière Marie; mur et une porte en arcade; construction dans le fond; au-delà, colline, moulin à vent à ailes carrées, ciel étoilé. Les vêtements sont bleu d'azur ou violet pâle, ornés de larges filets d'or. Revers incolore.

Le n° 330, plaque de même dimension, émaillée de la même manière. *La Nativité de saint Jean-Baptiste.* Élisabeth dans un lit en usage au XVIe siècle, la tête couverte d'un voile blanc, et entourée d'une auréole : une femme lui présente le petit saint Jean, et une autre une tasse. Au pied du lit, Zacharie, assis sur un escabeau; troisième femme préparant un berceau. Le feu brille dans une grande cheminée, devant laquelle est placé un bassin; arcade au fond; au milieu, une fenêtre entre deux bancs. Les étoffes des vêtements sont bleu d'azur, brun jaune, violet pâle, rehaussées d'or. La couverture du lit est bleue, ornée de fleurettes dorées. Le revers de cette plaque est incolore.

Autre plaque, peinte de même, large de 240 sur 245 millimètres de hauteur : *Baptême de Notre-Seigneur Jésus-Christ.* Le Sauveur du monde, debout dans le Jourdain, est baptisé par saint Jean, agenouillé sur le rivage. Au ciel, Dieu le père, coiffé d'une tiare, et tenant à la main un globe surmonté d'une croix, porté par des nuages d'où s'échappent des rayons se détachant sur un fond d'or. Sur un même fond, un peu plus bas, l'Esprit-Saint, la divine Colombe, plane au-dessus de Jésus, dont la tête est entourée de rayons mêlés à ceux de la gloire céleste ; à droite, un ange porte le manteau de N.-S. Arbres dans le fond ; quelques animaux sur les gazons ; revers incolore. N° 331 du catalogue du Louvre.

Douze scènes de la Passion, d'après Albert Durer, et *les quatre Evangélistes :* douze plaques rectangulaires et quatre circulaires en émaux de couleur rehaussés d'or, de 332 à 347 millimètres, dans un même cadre aux armes du connétable Anne de Montmorency. Hauteur, 180 millim.; largeur, 145; diamètre des médaillons, 140 millimètres. Ces émaux décoraient la chapelle d'Écouen.

N° 332. — *Jésus célébrant la pâque avec ses disciples.* — Jésus et les douze apôtres entourent une table couverte d'une nappe blanche au milieu de laquelle est servi l'agneau pascal. Saint Jean est endormi sur les genoux de son divin maître, qui appuie un bras sur son épaule, et bénit de la main droite. On ne voit pas les visages de quatre convives assis sur des bancs ornés de sculpture. Judas tient une bourse de la main gauche; il est vêtu de bleu. Derrière lui, une aiguière sur un pavé en mosaïque très-simple; les trois arcades du fond soutenues par des colonnettes accouplées. On voit un ciel étoilé d'or; une auréole d'or brille autour de la tête de Notre-Seigneur.

N° 333. — *Jésus au jardin des Oliviers,* à genoux, les pieds nus, les mains jointes; à droite, un ange plane dans les airs, tenant un calice. Au bas du premier plan, les deux fils de Zébédée et Pierre endormis : ce dernier a une épée sous le bras; dans le fond, d'autres disciples dorment assis. Plus loin, à gauche, Judas, une bourse en main, précède des soldats armés entrant dans le jardin. Arbres et barrière par-dessus laquelle une colline verte, le ciel étoilé et un rocher sur lequel se détache la figure de Jésus, dont la tête est entourée d'une auréole dorée; des cercles d'or se dessinent en nimbe, et ceignent les têtes de Pierre, Jacques et Jean.

N° 334. — *Le Baiser de Judas.* — Jésus debout, et vu de profil, la tête nimbée d'un cercle d'or; Judas l'embrasse, et appuie la main sur son épaule; en arrière, soldats portant des lances, et l'un d'eux une courroie; à droite, dans un coin, Pierre brandit une épée, et tient renversé Malchus sous son genou : celui-ci se défend, et protége son visage avec une lanterne Au fond, vers la droite, disciples s'enfuyant, et soldat en arrêtant un par son manteau; à gauche, guérite et soldat; au-dessus de la barrière du jardin, une colline et les étoiles d'or dans le ciel.

N° 335. — *Jésus conduit chez Caïphe.* — A gauche, Jésus, conduit par des soldats armés de piques, a la tête ceinte d'un cercle d'or; à droite, Caïphe, sur un siége élevé de deux marches; dans le fond, les anciens et les scribes. Au premier plan, vieillard debout, chien blanc couché sur le sol; sur le mur du fond, deux arcades laissant voir l'azur du ciel.

N° 336. — *Jésus frappé de verges.* — Au centre, N.-S. attaché à une colonne, avec un linge autour des reins pour tout vêtement.

De la tête aux pieds, sa peau est teinte du sang de ses meurtrissures; son manteau est à terre. Deux hommes, l'un armé de verges, l'autre d'un fouet à lanières, s'apprêtent à frapper Jésus. Dans le fond, rempli de détails d'architecture, quatre scribes ou anciens d'Israël.

Nº 337. — *Jésus couronné d'épines.* — N.-S. est debout vers la droite sur une estrade de quatre marches; son corps est couvert de plaies saignantes; sa tête, couronnée d'épines ; un roseau est dans sa main gauche; deux personnages relèvent, chacun de leur côté, le manteau qui cachait ses épaules, pour le présenter au peuple; soldats armés de lances et vieillards dans le fond, dont les détails architectoniques n'empêchent pas de voir un coin du ciel étoilé. La tête de J.-C. est entourée d'une auréole dorée; une agrafe attache son manteau; au-dessus de lui, baldaquin à rideaux, et, au-dessous, une ouverture en forme d'arc, garnie de barreaux croisés, celle d'une voûte pratiquée dans l'estrade.

Nº 338. — *Jésus devant Pilate.* — Pilate se lave les mains devant le peuple ; il est assis à gauche sur un trône. Serviteur qui tient un bassin, et lui verse l'eau d'une aiguière. Jésus, debout, couronné d'épines et vêtu d'une longue robe, est escorté par des soldats armés de piques, et conduit par un jeune homme vêtu d'une courte tunique. Dans le fond, scribes et anciens au nombre de quatre; derrière eux, ornements d'architecture; au-dessus de têtes des soldats, ciel étoilé d'or. Petit chien blanc couché au pied du trône de Pilate.

Nº 339. — *Jésus portant sa croix.* — N.-S. est renversé sous le poids de sa croix, et s'appuie, de la main gauche, sur une pierre du chemin; un soldat va le frapper d'une petite massue; le jeune homme du nº 338 le frappe de sa pique; en arrière, deux soldats armés; un peu plus loin, saint Jean, la sainte Vierge, une sainte femme et quelques autres dont on ne voit que les têtes, au-dessous d'une porte de ville. Dans le fond, à la cime du Golgotha, deux potences; au-dessus, ciel étoilé d'or; des soldats entourent les croix, et d'autres, armés de piques, en approchent; un d'eux porte une échelle. La tête du Christ est couronnée d'épines et d'une auréole d'or.

Nº 340. — *Jésus crucifié.* — Le Sauveur du monde, couronné d'épines, et le sein déchiré par une blessure saignante, est attaché à la croix, dont Marie-Madeleine embrasse le pied; à gauche, la vierge Marie; à droite, l'apôtre saint Jean. On voit

Jérusalem dans le fond. Six têtes d'ange ailées, se détachant sur des nuages, forment une guirlande en arrière de la croix, qui porte l'inscription I·N·R·I. Auréole d'or à la tête du Christ, nimbe plein à celle de la Vierge Marie, et cercle d'or à celle de saint Jean.

Jésus mis au tombeau, n° 341. — Joseph d'Arimathie et Nicodème déposent son corps dans le sépulcre; un peu en arrière, la sainte Vierge, saint Jean, Marie mère de Jacques, et Marie femme de Zébédée; Marie-Madeleine, à genoux, tient un vase de parfums; deux autres vases semblables sont posés sur le rebord du sépulcre, et à terre, près de la couronne d'épines; dans le fond, à gauche, une grotte recouverte de verdure, et, à droite, les monuments de Jérusalem.

La Résurrection de Notre-Seigneur, n° 342. — J.-C. est debout, à demi couvert d'un manteau, les pieds posant sur son tombeau, tenant une croix à bannière au milieu d'une gloire dorée; deux soldats couchés au premier plan, l'un endormi, et l'autre se soulevant à l'aide de sa hallebarde; un autre dormant à droite, au fond; un quatrième, à gauche, s'enfuyant épouvanté. Arbustes à l'arrière-plan; l'azur du ciel est étoilé d'or.

N° 343. — *L'Ascension de N.-S.* — Les apôtres réunis sur le sommet d'une montagne; vers la gauche, la sainte Vierge, debout et les mains jointes; un pli de son long manteau couvre sa tête. Au milieu du premier plan, deux apôtres, vus de dos, sont agenouillés; les autres sont debout, priant, et levant les yeux au ciel. Au-dessus des nuages on aperçoit les pieds et le bas des vêtements de N.-S. se détachant sur un fond pointillé d'or. La tête de Marie est surmontée d'un nimbe d'or.

N° 344. — 1er médaillon : *saint Jean l'Évangéliste.* — Il est assis, vu de profil, au pied d'un arbre, sur le rivage de la mer; il écrit un livre, posé sur ses genoux; un aigle est près de lui; dans le coin, à gauche, fond de paysage, et, au-dessus, des nues entr'ouvertes laissent apercevoir le nom de JÉSUS. La tête de saint Jean et celle de l'aigle sont surmontées d'un nimbe d'or semblable; l'oiseau tient dans son bec l'encrier et le grattoir de l'écrivain.

N° 345. — 2e médaillon : *saint Luc l'Évangéliste.* — Ce saint est vu de profil, assis sur un siége devant un pupitre qui supporte un livre qu'il feuillette d'une main; il écrit, de l'autre, un livre placé sur son genou; bœuf couché derrière son siége.

A gauche, au fond, dressoir garni de vases et de bouteilles; les murs de la chambre sont percés de deux fenêtres cintrées garnies de losanges de verre; à droite, une ouverture laisse voir la campagne et le ciel. Saint Luc est coiffé d'un bonnet entouré d'un nimbe doré.

N° 346. — 3e médaillon : *saint Marc l'Évangéliste.* — Il est assis sur une chaise devant une table, et écrit sur un papier placé sur un pupitre près duquel un flambeau est allumé ; le lion est couché derrière son siége; deux livres reposent sur le parquet en mosaïque à carreaux. Aiguière et bouteille sur un bahut au loin à gauche; fond d'architecture percé de trois fenêtres par lesquelles on voit le ciel; draperie bleu à fleurons d'or suspendue vers le centre; la tête chauve du saint est entourée d'une auréole et d'un nimbe.

N° 347.— 4e médaillon : *saint Mathieu l'Évangéliste.*— Il est assis sur un bahut, près d'une table en hémicycle avec pupitre, et touche, de la main droite, un grand livre, et, de la gauche, un plus petit posé sur son banc; l'ange, un peu en arrière, semble tourner les feuillets du livre du pupitre. Au fond de la chambre, à droite, ouverture qui laisse apercevoir la campagne ainsi que les monuments d'une ville et le ciel. Saint Mathieu est coiffé comme saint Luc; sa tête, comme celle de l'ange, est entourée d'un nimbe d'or.

Ces douze plaques sont disposées sur trois rangs de quatre; les médaillons, aux extrémités du premier et du troisième rang. Celles du second rang sont occupées par des panneaux où sont sculptées les armes de Montmorency et celles de Savoie; on y voit aussi un chiffre composé des lettres A. D. M. en relief et dorées, initiales du connétable. Ces émaux, qui sont une imitation assez libre des gravures en bois d'Albert Durer, en ont reproduit jusqu'au travail; ils ont le ton et l'apparence de quelques œuvres de Pierre Reymond, ce qui permet de les lui attribuer; leur hauteur est de 215 millimètres, leur largeur de 160.

Dans *l'Illustration* du 2 mars dernier, M. A. Darcel, à l'occasion de la vente de la collection d'Albert, ancien danseur de l'Opéra, cite les prix suivants de trois émaux de Pierre Reymond, artiste qu'il reconnaît pour fécond, mais un peu sec : assiette n° 54, 400 fr.; coupe n° 57, 815 fr.; très-belle coupe à couvercle, *Enlèvement d'Europe,* 4,100 fr.

Dans un remarquable article publié, le 23 mars dernier, au supplément du *Moniteur universel,* M. le comte Clément de Ris, après avoir rappelé que, depuis plus de vingt ans, le grand-seigneur russe Soltikoff avait formé une des plus curieuses collections de Paris, où il avait transporté en bloc le cabinet de M. Debruges-Duménil en 1847, cite, parmi les émaux de Limoges peints par les Pénicaud, les Limosins, les Courteys, Court et de Court, plusieurs coupes et un plat à ombilic de Pierre Reymond; un magnifique plat rond représentant les noces de Psyché d'après Raphaël, d'une intensité de tons et d'une conservation remarquables; l'un des plus précieux morceaux de cette collection; une coupe dans l'intérieur de laquelle est peint un festin, signée P. R., et datée de 1546.

Je dirai en finissant qu'on a aux archives beaucoup d'actes concernant la famille Reymond, depuis celui qui concerne la vigne de *Pierre Reymond* dit Bertrand, à Chinchauveau, de l'an 1286; les consuls *Jacques* et *Pierre*, 1537, 1560 et 1567; le notaire *Léonard*, de 1553 à 1558, jusqu'à *Louis* et *Jacques* dit Reytoil, fils de feu Gabriel et de Marguerite Reynou, demeurant en *dévalant des Bancs* à la rue Manigne vers 1606; Reymond, cartier, rue Font-Grouleau (*Consulat*), 1650; Antoine Reymond dit *Famine*, rue des Arènes. Un Reymond vendit une propriété au clos Chaudron au sieur Rasez vers 1700. Cette famille des Reymond s'est continuée jusqu'à nos jours : j'ai été baptisé par un prêtre de ce nom; des branches de cette famille habitent Châteauneuf et Eymoutiers.

M. C. de St-Cyr, de Laval, possède une *Mise au tombeau de J.-C.* par P. Reymond.

MARTIAL REYMOND.

Les émaux, peu nombreux, signés des initiales M. R., qui sont celles de Martial Reymond, n'étant pas datés, ne peuvent nous fournir de renseignements bien précis sur cet émailleur. D'après une hypothèse que j'ai répétée souvent, et qui me paraît assez vraisemblable à cause des usages de ce pays, je présume que Martial était fils de Pierre Ier, parce qu'il donna le nom de son grand-père, comme parrain, à son fils Pierre Reymond, dont je parlerai à son rang; il était l'époux de Françoise Blanchard, qui figure en qualité de sa veuve dans plusieurs actes postérieurs à son décès, où il est toujours désigné comme artiste émailleur, pendant qu'un autre Martial Reymond, un des tuteurs des mineurs qui lui survécurent, n'est jamais désigné autrement que par le nom de Martial Reymond orfèvre. Cet émailleur fit son testament en 1598, et tout porte à croire qu'il mourut peu de temps après, puisque les actes de succession ou de poursuites de vente de ses biens sont de l'année 1599. En effet une sentence de la cour présidiale de Limoges de 1599 relate des actes de 1550, 1573, 1576, 1588, 1592, 1597 et 1598 de production de titres de ses créanciers, au nombre desquels figurent le vénérable abbé de Saint-Martial maître Léonard Clouzaud et son orfèvre maître Pierre Guybert, qui repoussent l'opposition faite par Jean et Martial Reymond frères, tuteurs des hoirs dudit feu Martial, à la subhastation des biens dudit défunt, en présence d'autre Martial Reymond. Jehan Clément était le procureur des tuteurs Reymond. Un ordre avait été ouvert dès 1593 pour établir un rang parmi les créanciers, qui étaient inscrits au nombre de sept. On voit par cette sentence, où figurent les noms de trois Martial Reymond, que notre émailleur ne laissait pas une grande fortune, puisqu'elle était ainsi grevée, et que Pierre Guybert aurait offert de son bien une somme de 750 livres : peut-être pourtant n'agissait-il ainsi que dans l'intérêt des enfants, qui ne sont pas nommés dans cet acte.

Un contrat de 1577, invoqué, en 1631, par Pierre, fils de Martial, semble établir qu'il était petit-fils de Pierre Ier Reymond, l'habile et fécond émailleur, et que par conséquent notre Martial serait son fils, comme je l'ai présumé en commençant cet article. Martial Ier n'avait pas encore été rayé du rôle des tailles en 1602 : il y était inscrit, article 201, au quartier de Manigne, pour un écu, avec le titre de *sire* Martial Reymond, qu'on donnait, je pense, aux peintres du roi.

J'ai vu, de ce maître, chez M. Pillot, de Bordeaux, un plat ovale de 48 centimètres de long sur 34 de large : Martial y a peint la prise d'une ville (Jérusalem). Un vieillard se prosterne, en signe de soumission, devant un roi ou empereur accompagné de ses généraux ; au bas, un écusson au champ d'azur, chargé de trois bandes, croix et besants. Cet écusson doit appartenir à un grand-seigneur dont la noblesse remonte au temps des croisades. Ce plat est signé M. REYMOND.

M. Jules Labarte cite un triptyque *d'une belle ordonnance, en émaux de couleur*, qui est conservé à la Kuntz-Kammer de Berlin, et signé M. R. Les deux volets de ce triptyque, exécuté, selon lui, vers la fin du XVIe siècle, portent les armoiries de Clément VIII, pape de 1591 à 1605. M. Labarte juge, d'après cet émail, que le dessin de Martial Reymond est assez correct, et ses têtes surtout, bien étudiées, mais que son coloris est généralement d'une teinte très-pâle. Cet émailleur employait le paillon et l'or pour les rehauts.

M. Didier Petit, de Lyon, parle aussi du plat de M. Pillot, de Bordeaux, et de petits médaillons peints, comme le plat, avec paillon, par Martial Reymond, qui sont aujourd'hui au musée du Louvre.

Celui de Cluny possède aussi un émail, médaillon de cet artiste, nº 1083 de son catalogue; il est signé au bas, à droite, de ses initiales liées ensemble : on y voit Mercure debout dans un édicule.

Nº 141 du catalogue de Mme de La Sayette. — Plat ovale; hauteur, 36 centimètres; largeur, 27; couleurs et paillon; figure allégorique couronnée de fleurs et richement drapée, signée M. R.; mascarons, animaux fantastiques et fleurs rehaussés d'or sur le bord. Au revers, Pallas debout dans une couronne de laurier.

Une plaque cintrée par le haut, en émaux de couleur, de la collection Albert Decombe, sur laquelle est peinte *la Cène* avec ornements de paillon, est signée de même; elle est haute de 98 millimètres et large de 77.

Le Louvre, si riche en œuvres de nos émailleurs, conserve six scènes de la Passion, citées par M. Didier Petit, sur médaillons de 54 millimètres de diamètre, en couleur, paillon et filets d'or; ils enrichissent l'encadrement d'*une Vierge et l'Enfant Jésus* de Jean III Pénicaud, nº 174; ils sont numérotés au catalogue de 441 à 446.

Jésus sur la croix entre sa mère et saint Jean l'Évangéliste.

Pieta : Le corps de Jésus sur les genoux de sa mère, soutenu par saint Jean et Marie-Madeleine fondant en larmes; M. R. aux pieds de l'apôtre.

Jésus succombant sous le poids de sa croix : trois soldats, les deux Marie et saint Jean.

Le Couronnement d'épines : un soldat ceint la tête de Jésus-Christ d'une branche d'épines; un autre lui met aux mains un roseau.

La Résurrection : Jésus-Christ, au milieu d'une gloire d'or, debout sur la pierre du tombeau, tient la croix triomphante; deux soldats renversés, deux autres fuient.

Jésus mis au tombeau par Joseph d'Arimathie : les saintes femmes Madeleine, Marie mère de Jacques et Marie mère de Salomé; M. R., près d'un vase d'or à parfums.

M. Germeau, dont la riche collection augmente tous les jours, m'a montré tout récemment une plaque émaillée de 16 centimètres de hauteur sur 13 de largeur, *la Nativité de Jésus-Christ,* en couleur, où le bleu et le vert dominent; des filets d'or et des ornements de paillon en relèvent l'éclat. On y voit le divin Enfant entouré d'anges adorateurs, la Vierge et saint Joseph; on aperçoit la tête du bœuf et l'âne entier peint en vert; un évêque est à genoux, au premier plan, tenant sa tête à la main. Saint Denis était probablement le patron de celui qui fit faire cet émail, signé des initiales M. R., dont le revers incolore est légèrement marbré de vert.

Françoise Blanchard, veuve de Martial Reymond, lui survécut un grand nombre d'années : nous conservons aux archives un contrat du 22 juin 1618 où sont stipulées les conditions du mariage de Pierre Reymond, orfèvre, fils de feu Martial, aussi orfèvre, et de Françoise Blanchard, avec Madeleine Disnematin, fille d'André Disnematin et d'Anne Benoist. « Les père et mère de Madeleine et un oncle lui constituent en dot et *péculière* la somme de six cents livres, trois *robbes* de *drapt* noir, *d'escarlatte* rouge et violette, *garnyes d'ung corps de robbe,* deux *chapperons,* deux *garderobbes* de serge et *cravet, ung tablier* de *tafetas garny* de crochets d'argent, douze chemises, six *colles,* six coiffes, deux paires fausses manches de *toylle,* et tout ce que ladite Madeleine porte de présent, qui est ung demy-seing denuiron trois marcz d'argent et un *frontal* de perles. Benoist, oncle de Madeleine, donne cent livres; Anne, sa sœur, deux cents livres, et André Disnematin, de son bien, trois cents livres et les habits; de laquelle dite somme ledit Reymond, présent, prenant et *recepuant* en especes de *pistolles, escus, quarts d'escus* et autre monnoie, s'est *contenté* et les a *quités* par les présentes, etc. Signé au bas de l'acte : Pierre *Reymond; Madalayne Disnematin;* Françoyse Blanchard, veufve de Martial Reymond, etc., le 22 juin 1618. »

Ladite Françoise Blanchard fit donation, l'an 1627, à ce même fils Pierre Reymond, pour les services qu'elle en avait reçus, de tous ses biens meubles et immeubles. En conséquence de cette donation, Pierre Reymond s'obligea de faire mettre à *saincte sépulture sa dicte mere,* et d'employer la somme de 60 livres tant pour faire prier Dieu pour son ame que pour les autres frais *funéraux.* En cas d'incompatibilité, la dame Blanchard se réserve son lit, courtines, *linceulx,* son linge, etc., qui reviendront, après son décès, à Pierre, son fils, sauf deux robes, qu'elle veut donner à ses deux filles. Cybot, notaire et tabellion royal héréditaire. L'acte fut homologué, en 1628, par Décordes.

En 1629, Pierre Reymond et sa sœur Marguerite, épouse de Jehan de La Voulte, furent obligés d'assigner leur mère Françoise Blanchard, veuve de Martial Reymond, pour se faire donner quittance de la pension qu'ils lui avaient payée, des meubles et hardes qu'ils lui avaient cédés : Pierre Reymond est qualifié dans l'acte du titre de *sire.*

Enfin des actes de 1630 et 1631 citent les noms de divers membres de la famille Reymond et ceux de leurs femmes. Pierre Reymond, *maistre orpheuure,* demande l'exécution d'une sentence rendue contre Jehannette Moulinard, *veufve de feu Martial Reymond, viuant esmailheur,* sentence de janvier 1631, relatant un contrat de transaction entre les parties daté de 1622. L'acte de 1630 rappelle la production de titres de 1577, et renferme une requête de Pierre Reymond au sujet d'un four qu'il avait bâti dans la maison de Jehannette Moulinard. La cour *a leue* et *tollu* l'inhibition audit P. Reymond de continuer *de bastir* et *plancher* dans sa maison, et ordonna qu'il fût fait un tuyau pour laisser sortir la fumée. Au dos de cette sentence de M. Petiot, juge à la cour royale ordinaire de Limoges, est écrit : *Touchant la maison de Madeleine Disnematin,* épouse de Pierre Reymond.

Ces détails prouveraient jusqu'à un certain point que Pierre, ayant un fourneau, a pu exercer l'industrie de l'émaillerie, et, quoique nous ne soyons à même de signaler d'œuvres de lui, on pourrait lui attribuer les plus faibles signées des lettres P. R., qui lui étaient communes avec son grand-père, et lui donner le nom de *Pierre II.* Cet artiste était mort, avant 1631, puisque sa femme est qualifiée *veuve* dans l'acte ci-dessus.

MARTIAL REYMOND II.

Ce second *Martial,* que nous avons vu signer dans plusieurs titres, nous paraît aussi avoir été plus orfèvre qu'émailleur.

Époux de Jehannette Moulinard, il eut, en 1603, un fils, Loys, baptisé à Saint-Pierre; deux filles, Françoise et Jeanne, en 1606 et 1608; l'aînée eut pour parrain son oncle *Joseph*. Ce *Martial*, que j'appellerai *Martial II* pour éclaircir la généalogie, était plus jeune que l'autre; il fut tuteur de ses enfants, ce qui supposait une parenté assez proche. Un acte le qualifie *émailleur*, mais nous ne connaissons de date certaine qu'à ses ouvrages d'orfèvrerie exécutés pour la confrérie du Saint-Sacrement de Saint-Pierre, sa paroisse. On lit dans son registre : « 1590, *compté à Martial Reymond et à Pierre Guybert, orpheuures, pour couurir d'argent le soubassement du grand joyau*, 1 fr. xxvj sols iiij deniers, et pour le *contract* xj sols vj deniers ». Ce soubassement du candélabre était en bois; on y lit à la suite : « Et dautant quil a este aduise quil seroit mieulx de faire ung ange dargent pour seruir aulieu dung de ceux de cuiure, nous auons retire desdits Guibert et Reymond quatre marcz dargent fin que nous leur auions baille pour couurir le candelabre, et d'aultant qu'ils lauoient *encontre* rafine, y a héu de dechept 18 deniers, et le restant, qu'est 3 marcz 7 onces 6 deniers, lauons remis aux dits Reymon et Guibert, les 4 marcz dargent fin auoient cousté 6 fr. x sols le marc, qu'est le tout xxiv fr. xj sols.

» Le sixiesme daougst mil cinq cents quatre-vingt et unze, les bayles..... ont donné à priffaict à Martial Reymond, orfeuure de la presente ville, present, stipulant et acceptant, à faire ung ange dargent fin du poix de sept à huict marcz fort leger et creux, suyuant le modelle et le patron qui luy a este monstre et deliure par lesdits bayles et icelui ange; ledit Reymond l'a promis auxdits bayles presents et acceptants, le rendre faict et parfaict de touts points bien et deuhment dans la feste de Toussaints prochainement venant; le dorer, y mectre des *doublets*, en luy fournissant l'argent, l'or; et oultres lesdits bayles ont promis audit Reymond luy payer, pour la façon de lange, xij escutz sols reuenantz à xxxvj liv.; et, sil nestoit pas bien faict ny parfaict, ledit Reymond consant à perdre sa façon, et à ne pas contraindre les bayles au payement. Signé M. Reymond. » — B. Bardon de Brun rédigea ce traité.

Le 7 août, il reçut quatre autres marcs d'argent moins 3/4 d'once, plus xlv sols pour une livre d'argent-vif; plus xij livres xxxiv sols pour xxix deniers d'or fin à dorer à xxvj sols le denier; plus, pour *le dechept* et auoir raffiné l'argent, xlviij sols; enfin xii fr. pour sa façon. Il y eut, le 16 septembre 1592, un contrat passé, comme l'autre, par le notaire Jehan Dupin, pour la quittance définitive.

Ces détails nous montrent les prix des métaux précieux à cette époque, et ceux de la main-d'œuvre des orfèvres. Un acte déjà cité nous sert à fixer la date de la mort de Martial II Reymond de 1630 à 1631.

JOSEPH REYMOND.

Cet émailleur était frère de Martial II, et parrain d'un de ses enfants; il a signé de ses initiales I. R. une petite plaque de la collection Darnal, où sont peints des moines en prière au-dessous de la sainte Trinité, avec quatre lignes d'inscriptions commençant par UNA SALUS et finissant par UNUS AMOR. Au revers de l'émail, M. F. VERTHAMON, C. D. R. (conseiller du roi), qui fut trésorier général et consul l'an 1609. C'est le même Martial de Verthamon qui figure avec l'écusson de ses armes sur le grand émail de Saint-Martial en compagnie de Balthazar Duboys, qui fut consul l'an 1619. — Hauteur, 13 centimètres.

J'ai possédé deux émaux de ce maître datés de 1625, et signés des lettres I. R. séparées par une fleur de lis. Il avait sans doute le titre de peintre du roi, quoiqu'il ne fût pas fort en dessin.

Buste du *Sauveur du monde,* avec la légende : SPERAMUS IN DEUM VIVUM, QUI EST SALVATOR OMNIUM HOMINUM. — Buste de la sainte Vierge, même dimension, avec l'antienne : SUB TUUM PRÆSIDIUM CONFUGIMUS, SANCTA DEI GENITRIX. Ces émaux peints en couleur, de 14 centimètres de hauteur sur 10 de largeur, devinrent la propriété de M. Didier Petit, de Lyon, qui les inscrivit aux nos 171 et 172 de son catalogue.

La collection Andrew Fountaine renferme un émail, signé I. R, où la *Cène* est représentée; il a 547 millimètres de hauteur.

JEHAN REYMOND.

Jehan Reymond, l'un des *tuteurs des hoirs de feu Martial Ier Reymond,* était le frère aîné de Martial II, puisqu'il est nommé le premier dans la sentence de 1599; il épousa Françoise Mouret, d'une famille d'orfèvres-émailleurs. Il souscrivit, en 1598, pour la fondation du collége de Limoges, une promesse de *dix sols de rente, racheptable à sa volonté*, et signa J. Reymond. Cette rente fut amortie l'an 1607, comme le porte l'annotation du registre. La cote de *Jehan Reymond, esmailleur,* article 202 du rôle des tailles de l'an 1602, s'élevait à *deux escus cinq sols,* et fut diminuée des cinq sols par sentence de l'Élection du 29 janvier 1602. Il mourut peu de temps après, car Françoise Mouret est désignée comme veuve dans l'acte de baptême de Françoise *Reymond* du 28 juillet 1603. Je ne connais de Jehan Reymond qu'un médaillon ovale, fond bleu d'outre-mer, avec une bordure blanc et or. On lit autour : OCTAVIUS CESAR AUGUSTE, tête à droite de cet empereur d'après la gravure de Titien; ses cheveux noirs sont rehaussés d'or, et des filets du même métal enrichissent son manteau violet ainsi que sa toge d'un bleu marin, dont les manches sont blanches; cotte de mailles d'or; un globe est sous sa main droite. Encadrement noir et rouge, avec des zigzags d'or. Initiales I. R. Il est à croire que cet émailleur dut compléter la série des douze empereurs.

Dans la collection de M. C. de St-Cyr, de Laval, une *Visitation* signée I. R.

J'ai vu des imitations modernes d'émaux signés de ces mêmes initiales, en grisaille, sur un cuivre très-mince, qui ressemblent à d'anciennes gravures décalquées.

Ce nom de Jean Reymond se retrouve dans un acte de 1670 comme propriétaire d'une maison de la rue des Combes avant cette date.

MAURICE ARDANT,
Archiviste du département de la Haute-Vienne.

Limoges, le 17 mai 1861.

LIMOGES. — IMPRIMERIE DE CHAPOULAUD FRÈRES,
Rue Montant-Manigne, 7.

www.ingramcontent.com/pod-product-compliance
Lightning Source LLC
LaVergne TN
LVHW050459160826
845677LV00003B/845

* 9 7 8 2 3 2 9 6 5 8 1 2 4 *